新农村节能住宅建设系列丛书

节能住宅污水处理技术

文科军　主编

中国建筑工业出版社

图书在版编目（CIP）数据

节能住宅污水处理技术/文科军主编．—北京：中国建筑工业出版社，2015.6
（新农村节能住宅建设系列丛书）
ISBN 978-7-112-18151-3

Ⅰ.①节… Ⅱ.①文… Ⅲ.①农村住宅-污水处理
Ⅳ.①X703

中国版本图书馆CIP数据核字（2015）第107401号

本书采用深入浅出、图文并茂的表达方式，全方位地介绍了村镇住宅的节能技术及在相应规范、标准指导下应如何使用节能技术。全书共分为7章，主要包括：农村水污染的特点及性质、农村住宅污水处理技术介绍、村镇污水处理系统、农村污染河流的生物修复技术、池塘污染的生物修复技术、农村雨水的收集与利用技术、结语等内容。

本书既可为广大的农民朋友、农村基层领导干部和农村科技人员提供具有实践性和指导意义的技术参考；也可作为具有初中以上文化程度的新型农民、管理人员的培训教材；还可供所有参加社会主义新农村建设的单位和个人学习使用。

* * *

责任编辑：张　晶　吴越恺
责任设计：董建平
责任校对：赵　颖　党　蕾

新农村节能住宅建设系列丛书
节能住宅污水处理技术
文科军　主编
*
中国建筑工业出版社出版、发行（北京西郊百万庄）
各地新华书店、建筑书店经销
北京红光制版公司制版
北京市密东印刷有限公司印刷
*
开本：787×960毫米　1/16　印张：11½　字数：190千字
2016年3月第一版　2016年3月第一次印刷
定价：**30.00**元
ISBN 978-7-112-18151-3
（27399）

《新农村节能住宅建设系列丛书》编委会

序

本套丛书是基于“十一五”国家科技支撑计划重大项目研究课题“村镇住宅节能技术标准模式集成示范研究”（2008BAJ08B20）的研究成果编著而成的。丛书主编为课题负责人、天津城建大学副校长王建廷教授。

该课题的研究主要围绕我国新农村节能住宅建设，基于我国村镇的发展现状和开展村镇节能技术的实际需求，以城镇化理论、可持续发展理论、系统理论为指导，针对村镇地域差异大、新建和既有住宅数量多、非商品能源使用比例高、清洁能源用量小、用能结构不合理、住宅室内热舒适度差、缺乏适用技术引导和标准规范等问题，重点开展我国北方农村适用的建筑节能技术、可再生能源利用技术、污水资源化利用技术的研究及其集成研究；重点验证生态气候节能设计技术规程、传统采暖方式节能技术规程；对村镇住宅建筑节能技术进行综合示范。

本套丛书是该课题研究成果的总结，也是新农村节能住宅建设的重要参考资料。丛书共7本，《节能住宅规划技术》由天津市城市规划设计研究院郑向阳正高级规划师、天津城建大学张戈教授任主编；《节能住宅施工技术》由天津城建大学刘戈教授任主编；《节能住宅污水处理技术》由天津城建大学文科军教授任主编；《节能住宅有机垃圾处理技术》由天津城建大学吴丽萍教授任主编；《节能住宅沼气技术》由天津城建大学常茹教授任主编；《节能住宅太阳能技术》由天津城建大学张志刚教授、魏璠副教授任主编；《村镇节能型住宅相关标准及其应用》由天津城建大学任绳凤教授、王昌凤副教授、李宪莉讲师主编。

从书的编写得到了科技部农村科技司和中国农村技术开发中心领导的

大力支持。王喆巡视员，于双民处长和王俊副处长给予了多方面指导，王喆巡视员亲自担任编委会主任，确保了丛书服务农村的方向性和科学性。课题示范单位蓟县毛家峪的李锁书记，天津城建大学的龙天炜教授、赵国敏副教授为本丛书的完成提出了宝贵的意见和建议。

丛书是课题组集体智慧的结晶，编写组总结课题研究成果和示范项目建设经验，从我国农村建设节能型住宅的现实需要出发，注重知识性和实用性的有机结合，以期普及科学技术知识，为我国广大农村节能住宅的建设做出贡献。

丛书主编：王建廷

前　言

农村经济条件的相对落后，农村生活污水收集和处理设施的缺失和滞后，造成生活污水肆意倾倒现象普遍发生。根据我国第六次全国人口普查结果，农村人口约6.74亿，占全人口总数的50.32%。随着农村生活方式的转变和生活水平的提高，生活污水排放量也越来越多，由《全国第一次污染源普查》和《村庄人居环境现状与问题》报告显示，我国农村地区每年约有80多亿吨未经处理的生活污水被排至河流、湖泊等，严重污染了农村的生态环境，也危及广大农民的身体健康，成为农村面源污染的重要来源，对水体、土壤、生态环境的影响日趋严重，成为阻碍农村经济发展的重要因素之一。自2007年起，保护和改善农村环境成为环境保护工作的重要部分，国家环保部印发了《全国农村环境污染防治规划纲要》，农村环境整治力度加大，农村生活污水处理的试点示范工程得到大力开展。

本书基于农村生活污水浓度相对较低，水质水量波动大，不含或少含重金属物质和有毒有害物质，可生化性强，但污水分布较为分散，排放方式粗放，治理意识淡薄，处理技术落后，处理技术匮乏等问题，从开展环境保护和生态建设发展的实际需求出发，采用深入浅出、图文并茂的表达方式，全方位地介绍了农村水污染现状、生活污水特点以及适宜的污水处理技术与修复技术。全书共分为7章，主要包括：农村水污染的特点及性质、农村住宅污水处理技术介绍、村镇污水处理系统、农村污染河流的生物修复技术、池塘污染的生物修复技术、农村雨水的收集与利用技术、结语等内容。

本书第1、2章由文科军、吴丽萍编写，第3、4、6、7章由文科军编写，第5章由文科军、严倩倩编写。

本书既可为广大的农民朋友、农村基层领导干部和农村科技人员提供具有实践性和指导意义的技术参考；也可作为具有初中以上文化程度的新型农民、管理人员的培训教材；还可供所有参加社会主义新农村建设的单位和个人学习使用。

在本书编写过程中，我们参考了大量的书刊杂志及部分网站中的相关资料，并引用其中一些内容，难以一一列举，在此一并向有关书刊和资料的作者表示衷心感谢。

由于编者水平有限，本书中不当或错误之处在所难免，希望广大读者给予批评指正。

编　者

目　　录

农村水污染的特点及性质 1

当前，中国城市污水的处理率在46%左右，主要指的是661个大中小城市，而县城的污水处理率也就在11%左右，到乡镇一级不超过1%。但是，县、镇、村每年生产的生活污水约达80多亿吨，且还在不断增加，排水量占全国总排水量的50%，80%以上的村庄没有有效的污水处理设施，往往将污水随意的排入周围的水系之中，造成地表和地下水的严重污染，严重影响环境并危害居民身心健康。住房和城乡建设部《村庄人居环境现状与问题》调查报告对中国具有代表性的9个省、43个县、74个村庄的入村入户调查显示，96%的村庄没有排水渠道和污水处理系统，生产、生活污水随意排放，给农村污水的收集和处理带来了相当的难度，使受纳水体出现了严重污染，如图1-1所示。

图1-1 农村污水肆意横流状况示意图

资料来源：http：//www. szyq. gov. cn；http：//baike. so. com。

中央和地方政府高度重视“三农”问题，在改善农村地区人居环境方面做了大量的工作，也取得了较为明显的成效。但由于底子薄、基础差，当前我国农村的大量生活污水直接排放，污水处理基础设施建设十分落后，造成河流、水塘污染，影响村民居住环境，威胁农民的身体健康，环境安全隐患与问题非常突出。

1.1　农村水污染的特点

农村水资源污染主要由农村生活污水、农业面源、工业点源、养殖业、外来污染（降雨、上游）几个方面组成，而农村生活污水主要是洗涤、沐浴和部分卫生洁具排水，因此农村水污染具有与城市污水不同的特点，主要包括：

（1）规模小且分散

我国现行的“城市污水处理工程项目建设标准（1997）”中将城市污水处理规模分为五类，其中Ⅴ类为10000～50000m^3/d。我国的小城镇污水处理规模一般小于20000m^3/d，重点是2000～5000m^3/d。而农村污水处理是不同于城市和中小城镇污水的第三种类型，其污水量比中小城镇还小很多，一般在1000m^3/d以下，其中多数在500m^3/d以下。与城市和小城镇污水处理相比，农村不仅居住密度小，而且有些户与户之间居住较分散、村与村间距也相对较远。

（2）区域差异大

我国幅员辽阔，从冬季时间长达半年以上的北部到常年四季如春的海南，地理环境、气候、当地经济发展水平等地区差异大，给污水处理带来很大困难。我国现阶段在污水处理领域普遍采用生物处理法。在此过程中酶是主要的降解激发物质，而构成酶的蛋白质对温度比较敏感，随着温度的降低其活性明显变弱。研究还表明，温度对微生物种群组成、微生物细胞的增殖、活性污泥的絮凝性能、曝气池充氧效率以及水的黏度都有较大影响。在大型污水处理厂，由于水量大，水温受气温的敏感程度小；而农村排水量小，导致气温对处理效果影响很大。因此，我国南北方、东西部的气候环境不同，农村污水处理所适用的工艺及设计参数也有很大不同。

（3）水量水质变化大

每天的不同时段，水质水量变化较大，且比较集中，特别是早、中、晚集中做饭时间，污水量达到高峰，是平时污水排放量的2～3倍；此外，农村排水系统很不完善且没有经过合理的规划，雨污混排，受雨季影响，水量变化系数较大。

农村生活日渐城市化，生活污水主要来自农家的厕所冲洗水、厨房洗涤水、洗衣机排水、淋浴排水及其他排水等。农村生活污水含纤维素、淀粉、糖类、脂肪、蛋白质等有机类物质，还含有氮、磷等无机盐类，且 COD_{Cr}、BOD_5 普遍高于城镇生活污水，COD_{Cr} 350～770mg/L，BOD_5 200～400mg/L，BOD_5/COD_{Cr} 0.5～0.55，可生化性好，SS250mg/L，TN30～40mg/L，pH6～9，TP2.5～3.5mg/L。另外农村生活污水中含有多种微生物，新鲜生活污水中细菌总数在 5×10^5～5×10^6 个/L 之间，并含有多种病原体。生活污水中悬浮固体物质含量一般在 200～400mg/L 之间。污染物平均浓度见表 1-1。

生活污水污染物平均浓度（单位：mg/L） **表 1-1**

项目 类别	COD_{Cr}	BOD_5	SS	pH
原污水	300～350	100～250	300～350	6.5

由于生活污水中污染物以有机物为主，同时生活污水中还含有许多微生物，对有机污染物进行分解，因而生活污水是不稳定的、生物可降解的和易腐烂的，如果不经处理直接排放到环境中去会引起环境的污染。

（4）管理水平低

污水处理工程是一个由不同功能单元组成的系统，是一个特定“车间”，需要一定的水力学、环境工程微生物学和机械设备等专业知识背景。目前我国农村污水处理站主要由村民管理，人员专业素质低，维护管理技术人员及运行管理经验严重缺乏。

（5）资金短缺

农村供水排水设施建设与运营缺乏可靠的资金来源是阻碍农村水污染治理的一大难题。实践证明：工艺再简单，操作管理再方便的污水处理站，也需要动力消耗，需要一定的运行管护经费和定期大修资金。以一个日处理 200t 的污水处理站为例，采用常规工艺，日常运行费用以 0.5 元/t 水计，则年运行费用为 3.6 万元。据北京市农村污水处理调研可知，这笔费用是一个沉重的负担，要知道目前农村的普遍现实是许多地方自来水都是免费的。

（6）缺乏工艺设计参数

农村污水处理的规模比较小，进行污水处理工程设计时如果沿用和照搬城市污水和小城镇污水处理工艺的设计参数，这样势必造成工程投资和运行费用过高，其结果是建不起也用不起。缺乏有针对性的治理技术及工程设计参数制约了农村污水治理工作的发展。

1.2　农村水的点污染和面污染现状

水污染的污染源分类主要为：（1）点源污染。点源污染是指大、中企业和大、中居民点在小范围内的大量水污染的集中排放；（2）面源污染。面源污染是指分散的小企业和分散的居民在大面积上的少量水污染的分散排放；（3）内源污染。内源污染又称二次污染，是指江河湖库水体内部由于长期污染的积累产生的污染再排放。

随着我国城镇化的飞速发展、农民生活水平的逐步提高以及乡镇企业的迅猛前进，当前我国农村水污染的污染源主要包括点源污染和面源污染两大类。

1.2.1　农村点污染现状

水污染点源是指以点状形式排放而使水体造成污染的发生源。一般为工业污染源和生活污染源产生的工业废水和生活污水，经污水处理厂或经管渠输送到水体排放口，作为重要污染点源向水体排放。农村点源污染主要包括生活污水和乡镇企业产生的工业废水两大类。

1. 生活污水

农村用水一般以河水、井水和自来水三者结合使用。自来水为饮用水主要来源，河水、井水作为辅助用水用于衣物洗涤、冲刷地面、饲养家禽等。

农村生活污水主要是洗涤、沐浴和部分卫生洁具排水，水量因地区经济程度的差异而不同，因此农村生活污水具有与城市污水不同的特点。一般间歇排放，排放量少且分散，但由于我国农村人口众多，排放总量很大，且污水中基本上不含重金属和有毒有害物质，所含有机物浓度相对偏高，可生化性好，日变化系数大（一般在3.0～5.0之间）。此外，农村污水还具有氮、磷浓度高，含有大量的营养盐、细菌、病毒且污水处理率低等显著特点。

由于目前全国绝大部分农村没有建设污水管网，公共设施跟不上发展的需要，大量生活废水未经处理排入各种水体，这都给农村污水的收集和处理带来了一定的难度。

2. 工业生产废水

随着农村经济的发展，乡镇企业的种类和数量急剧增长，但是据统计显示，超过95%的乡镇企业根本没有设置污水处理系统，因而乡镇企业成为农村水污染的重要来源。

工业废水源自工业生产过程，其来源、水量及性质随生产过程而异，一般可分为工艺废水、设备冷却水、原料或成品洗涤水、设备和场地冲洗水以及由于跑、冒、滴、漏产生的废水等，废水中常含有工业原材料、中间产物、产品和其他杂质。我国的乡镇工业污染排放负荷行业分布相对比较集中，水环境污染以有机污染为主，废水COD_{Cr}的排放量是主要指标，COD_{Cr}排放总量高度集中在几个行业内：造纸及纸制品业占比例接近70%，其次是食品加工业（以酿造为主）、纺织业（以印染为主）、化学原料及制品业和皮革制造业。而这些行业中乡镇企业产值所占比例较高，有些行业乡镇企业甚至成为主体，使乡镇企业在有些主要污染物中占据了全国工业企业污染物排放的大头，从而也成了农村水体污染的重要污染来源。

1.2.2 农村面污染现状

随着2000年全部工业污染源达标排放的实现，污水处理厂的加快建设，工业和城市生活污染有所下降，而农村面源污染对环境的影响日益突出，危害越来越大，后果也越来越严重，这是造成村镇水质不断恶化的另一个重要方面，应引起高度重视。

面源污染又称为非点源污染，有广义和狭义的两种理解：广义指各种没有固定排污口的环境污染；狭义通常限定于水环境的非点源污染。面源污染的主要特点是时空上无法定点监测的，与大气、水文、土壤、植被、地质、地貌地形等环境条件和人类活动密切相关的，可随时随地发生的，从非特定的地点随暴雨生成的径流进入受纳水体所造成的污染。

在农村水体的污染中，面源污染包括农村灌溉水形成的径流、农村废水、地表径流和其他污染源。在这其中，农业面源污染表现得最为突出。农业面源污染指在农业生产活动中，氮和磷等营养元素、农药以及其他有机或无机污染物质等溶解的和固体的污染物从非特定的地点，在降水冲刷作用下，通过径流过程而汇入水体，并引起水体富营养化或其他形式的污染。

农业面源污染途径的主要表现形式为：

（1）化肥用量过高、肥料配比不合理和流失严重。目前，农业上施用的化肥主要是氮、磷、钾3种，但是，由于施用量不当及施肥不合理，常使很多化肥浪费掉，而且随水土流失进入水体，从而加剧了环境污染，导致生态系统多方面失调。

（2）农药的污染。农药是消灭对人类和植物病虫害的有效药物，在农牧业的增产、保收和保存以及人类传染病的预防和控制等方面都起到很大作用。但由于长期大量使用农药，空气、水源、土壤和食物受到污染，毒物累积在牲畜和人体内引起中毒，造成农药公害问题。

（3）集约化养殖场污染。由于我国畜牧业的迅速发展，规模化畜禽养殖已成为农村面源污染的主要来源。畜禽粪便堆放及清粪冲洗极易进入水体，有关研究证实，畜禽粪便进入水体的流失率可达25%～30%，我国农业氮肥的流失率一般在8%～20%，磷肥流失约为5%，而畜禽粪便中氮、磷的流失量分别为化肥流失量的122%和132%。畜禽养殖污染正日益成为我国水源的主要污染威胁。

（4）水土流失、传统灌溉等加重农业面源污染和生态环境的恶化。农业耕种带来的扰动活动实际上会增加农田的侵蚀。90%以上的营养物流失与土壤流失有关。水土流失与农业面源污染是密不可分的，由于雨污分流技术水平低，水土流失带来的泥沙本身就是污染物，而且泥沙是有机物“金属”磷酸盐等污染物的主要携带者。水土流失是导致发生面源污染的重要因素。流失的土壤带走了大量的氮磷等营养物质，成为面源污染系统中不容忽视的重要组成部分。

农业面源污染所具有的分散性、随机性、隐蔽性、滞后性、模糊性、潜伏性等特征使其监测精度低、监测成本大，治理难度远高于点源污染。农业面源污染的个体排放不可观测，再加上污染运移过程的不完全信息以及从排污到监测的时间间隔，更加剧了在污染源与周围环境污染水平间建立关系的难度。为此，农业面源污染的治理从客观上提出了源头治理的思路，并要求构建综合的农业面源污染防治技术体系来为农业面源污染的防治工作提供支持。

1.3 农村水污染的成因

当前，多数村落仍然不能有效地治理农村生活污水，农村生活污水的直排、乱排现象依然普遍。大量废水未经处理排入各种水体，给村民的生活环境和卫生状况造成很大的影响，长期下去，必然会危害村民的身体健康。造成农村污水严重污染的原因主要包括以下几个方面：

（1）由于农村居民的环保意识淡薄，且没有法律法规的限制，没有职能部门的监督，按照多年的生活习惯肆意堆积大量的生活垃圾，产生的生活污水也直接排入水体。长期堆积的垃圾不仅会传播细菌，且其产生的渗滤液也会渗透土壤，或随着雨水等水体渗入地下水，严重污染地表水甚至地下水源的水质。据统计，近八成农村的饮用水大肠杆菌含量超标，不到1/4的农村饮用水受到有机污染，许多地方的农村饮用水主要水源——地下水，由于受到污染已不适宜饮用。

（2）农业的发展造成了一定的负面影响。种植业和畜牧业是我国农村经济的主要来源。随着种植业的发展，各种有机化肥逐渐代替了传统农家肥料，过量施用氮肥、磷肥造成了土地养分流失、水体富营养化、藻类滋生，也加大了污水脱氮除磷的难度。同时由于农村中各种养殖场、屠宰场的建立，产生了大量的粪便也造成了水体的污染。由于农村中畜牧业中很大一部分并没有严格按照国家规定废弃物排放标准实施，所产生的各种废弃物、食物残渣、粪便和污水没有经过处理就直接排放到水体或农田，其中富含大量的有机物和氮磷，这对农村的水体也造成了严重的污染。在雨季或汛期，污染物容易漫溢，被雨水从高处带到低处，也会直接造成地表水的严重污染。

（3）乡镇小型企业迅速发展，工业污染聚集农村。近些年来，由于政策的大力扶持以及监管上的疏漏，乡镇工业企业呈现出蓬勃发展的势头。但这些乡镇企业一般都具有规模小，污染重的特点，且缺乏有效的经营管理，以不顾后果地营利为主要目的。这其中不乏造纸、印染、煤矿和化工等重型污染企业。乡镇企业产生的工业废水未经有效处理就直接排入农村水体，会造成大面积污染，严重影响乡镇居民的饮用水水质。

（4）技术工艺落后，缺乏水处理设施。由于我国农村的居民居住比较分散，因此不能大规模修建水处理设施。但农村人口大幅增加，每年生产的生活污水约达80多亿吨，并且还在增长，可是并没有统一规划可以配套的排水管道，致使生活污水沿低洼地势排放至水体，缺少对农村分散的污水集中处理的设施，使得排放的污水严重影响居民的生活环境。

1.4　农村水污染的危害

1. 威胁着农村居民的身体健康。农村居民的用水大部分是直接采用地表水或浅层地下水，未经任何的处理。水环境的恶化，使得污染物通过饮水或食物链，进入人体，使人急性或慢性中毒。例如砷、铬、铵类、苯并（a）芘等可诱发癌症。被寄生虫、病毒或其他致病菌污染的水，会引起多种传染病和寄生虫病。重金属污染的水，对人的健康均有危害。我们知道，世界上80%的疾病与水有关。伤寒、霍乱、胃肠炎、痢疾、传染性肝类是人类五大疾病，均由水的不洁引起。严重的水污染直接影响并威胁着农民的身心健康。

2. 生态环境迅速恶化。由于农村水环境污染严重，一些河流水体混浊、鱼虾死绝，两岸寸草不生，物种迅速减少；池塘、湖泊中氮磷含量超高，富营养化严重，引起水中藻类疯长，水体中细菌大量繁殖，严重影响了生态水体的自净能力。进而导致村中臭气熏天，影响村容村貌，严重破坏了村民的生存环境。而且，由于水体污染具有传递性，通过雨水的淋洗等作用，河流、湖泊等水体的污染有可能导致下游、甚至海洋、土壤的污染，从而引起整个生态系统的恶化。

3. 造成农村社会不稳定。由于企业或养殖业污染，造成恶臭熏天，蚊蝇孳生，细菌繁殖，疾病传播，使作物减产，品质降低，甚至使人畜受害，大片农田遭受污染，降低土壤质量，甚至会引起邻里纠纷，引发新的社会矛盾。群众生病增多，因病致贫，造成社会不稳。且工农业对水体产生危害后，工业用水必须投入更多的处理费用，造成资源、能源的浪费，食品工业用水要求更为严格，水质不合格，会使生产停顿。这也是工业企业效益不高，质量不好的因素。

1.5 农村生活污水治理的基本原则

1. 坚持一同步三统一。农村生活污水收集、处理工程及尾水排放，是一个系统工程，需作专业规划，作为新农村建设总体规划重要组成部分，应坚持同步进行。做到统一规划、统一实施、统一管理。

2. 规划内容。生活污水管网的设计与布置；污水的排放量、水质、污水处理设施规模、厂址及处理后尾水排放点等均要作出具体规划。

3. 排水体制。农村新的集中居住区污水和雨水在处理设施之前应实行分流制，处理后排放可实行合流制；旧村庄的改扩建，已建合流制管网，可采用截流方式将污水送入处理设施；新建改建部分在污水处理设施前尽可能实行分流制。

4. 一次规划，分期实施。污水排放量及污水处理设施规模应考虑“两个率先”战略，远近结合，一次规划，分期实施。对近期、远期合理规划，排放管网满足远期，处理设施满足近期、预留扩建用地，分期分批建设。

5. 污水处理设施选址原则。污水处理设施应结合地形，尽可能选用绿化地、荒地、洼地和河塘边，就近集中或分设，少占良田，缩短排水管道，降低管道埋深和减少土方工程量。

1.6 农村污水处理的主要难题

当前我国农村水污染情况比较复杂。要对农村污水进行处理再生利用，还面临着一系列的难题：

（1）污水成分日益复杂，各种污染成分浓度较低，波动性很大，难以正确评估生活污水的污染负荷及其昼夜、季节性变化；

（2）人口少，用水量标准较低，污水处理规模小，造成工程建设费及运行费用过高；

（3）污水处理工艺与技术的选择，受到当地社会、经济发展水平的制约和地方保护主义或其他人文因素的抵制；

（4）当地自然与生态条件（如气温、降水、风向和土壤等）对所选择的处理工艺与处理技术有负面影响，使其不能正常发挥效力；

（5）维护管理技术人员及运行管理经验严重缺乏。

因此，在实际对农村污水进行处理设计时，只有对以上这些技术和政策上的难题加以有效解决，才能更好地促进和引导农村污水再生利用。

农村住宅污水处理技术介绍 2

污水处理最高的目标是实现资源消耗减量化（Reduce）、产品价值再利用（Reuse）和废弃物质再循环（Recycle），水资源的利用要实现从“供水—用水—排水”的单向线性水资源代谢系统向“供水—用水—排水—污水回用”的闭环式水资源循环系统过渡。

污水处理技术是指采取物理的、化学的或生物的处理方法将污水中所含的污染物分离出来或将其转化为无害物，从而使污水得到净化的过程。

现代污水处理技术，按处理程度划分，可分为一级、二级和三级处理。

1. 一级处理。主要去除污水中呈悬浮状态的固体污染物质，物理处理法大部分只能完成一级处理的要求。经过一级处理的污水，BOD一般可去除30%左右，达不到排放标准。一级处理属于二级处理的预处理，常采用格栅、混凝沉降和上浮去油等物理处理方法。

2. 二级处理。常采用生物化学处理方法，典型的设备是生物曝气池、生物滤池和二次沉淀池等。主要去除污水中呈胶体和溶解状态的有机污染物质（BOD，COD_{Cr}物质），去除率可达90%以上，使有机污染物达到排放标准。

3. 三级处理。是在一级和二级处理后，进一步处理难降解的有机物、氮和磷等可导致水体富营养化的可溶性无机物等。主要方法有生物脱氮除磷法、混凝沉淀法、砂滤法、活性炭吸附法、离子交换法和电渗析法等。一般在出水排放要求较高时进行。

污水处理技术的选用必须综合考虑当地的社会经济发展水平、污水来源及其处理后的用途，不同的污水来源以及处理后污水（再生水）的不同用途需要采用不同的处理水平和处理技术。目前污水处理系统主要是根据污水处理水平的要求，采用一种或几种处理技术或工艺联合处理污水。农村地区生活污水主要含有各种有机污染物以及病原菌等污染物，再生水主要用于各类作（植）物的灌溉用水、景观或环境用水等方面，因此按照污水处理技术的适用条件，农村地区生活污水处理系统主要可分为集中处理和分散处理两大类。

2.1　污水集中处理技术

集中处理系统主要是指建立集中式管网收集体系和（小型化）污水处理厂、人工湿地系统或土地处理系统等，并在此基础上通过一系列的物理、化学以及生物措施进行深度处理，以减少污水中的污染物，然后回用于城镇生活的各个方面，包括市政、绿化、消防、景观、灌溉、养殖等，从而达到污水净化和资源化利用的目的。集中处理最主要的特征是：统一收集、统一输送、统一处理。

目前，集中式污水处理已从局部的、特殊的污水处理，发展为系统化、规模化的污水处理模式。它把各种城市生活污水，经预处理的工业废水和城市融雪、降水等混合废水通过城市排水管网收集，集中输往污水厂，采用适宜的措施进行处理，达标后再排入自然水系。对于农村污水的处理，集中式处理技术可以尽量应用于一些发展比较好，给排水管网建设比较完善的区域。

2.2　污水分散处理技术

分散式污水处理技术是一种新型的，经济环保的污水处理系统。分散处理系统是一个高度浓缩的微型化污水处理厂。它采用各种物理、化学或生物措施组合工艺，将各种处理技术高度集成在一个较小的空间范围内。对于居住比较分散的中小城市（镇）、广大农村及偏远地区，由于受到地理条件和经济因素制约，不宜进行生活污水的集中处理，此时应因地制宜地选择和发展生活污水分散式和就地处理技术。污水的分散处理技术（Decentralized Sanitation and Reuse，DESAR）已经成为国内外生活污水处理的一种新理念。

分散污水处理系统主要包括：

（1）在线系统（On site system）。从私人住宅排出的污水，由于没有铺设大面积社区用的污水管道或缺乏一套集中处理设施，可以通过自然系统或机械装置来收集、处理、排放或中水回用，这种自然系统或机械装置即称在线系统。常用的在线系统包括化粪池（septic tank）和沥滤场（leach fields）。

（2）群集系统（Cluster system）。一种服务于两个或两个以上住户的污水收集和处理系统，但其范围不超过整个社区。从几家住户排出的污水可经过个体用户的化粪池或组合装置现场预处理后，再通过特殊的污水管运送到比集中式系统相对较小的处理单元。分散污水处理系统就是这样一种在线系统或群集系统。

随着各种工艺和技术的发展，分散处理系统的产品种类和型号越来越多。对于农村的分散生活污水，工艺简单、处理效果有保证、运行维护简便的分散型污水处理系统是一种具有最佳综合效益的选择，它包含污水处理和资源化利用双重意义，强调分质就地处理和尽可能回收营养物质。

近年来，随着经济实力的增强，尤其是发达省份在经济发展到一定阶段以后，逐步认识到农村污水处理问题的重要性，并开始采用一些实用、合理、低能耗和低运行费用的技术来处理污水。现有的适用于污水分散处理的主要技术分类分为初级处理工艺和主体处理工艺，如表 2-1 所示，其中，初级处理工艺包括化粪池、Imhoff 池、初沉池等，主要用于部分去除 SS；主体处理工艺包括曝气池、生物滤池、SBR 反应器、稳定塘、人工湿地等，主要用于去除 COD_{Cr}、SS，或氮、磷。根据不同的处理目的和实际情况，可将各种工艺进行组合，例如：初级—主体的组合（化粪池—曝气池等），初级—主体—主体的组合（化粪池—慢速砂滤池—人工湿地等）。

污水分散处理技术的分类 **表 2-1**

<table>
<tr><td rowspan="3"></td><td rowspan="3">初级处理工艺</td><td colspan="4">主体处理工艺</td></tr>
<tr><td colspan="2">人工系统</td><td colspan="2">自然系统</td></tr>
<tr><td>传统工艺</td><td>新工艺</td><td>水体系统</td><td>土壤系统</td></tr>
<tr><td>分离式系统</td><td>化粪池
Imhoff 池
初沉池</td><td>活性污泥法
氧化沟
SBR 反应器
生物膜法
曝气生物滤池</td><td>膜-生物反应器
（MBR）</td><td>稳定塘</td><td>人工湿地
慢速砂滤
地面漫流</td></tr>
<tr><td rowspan="2">一体化系统</td><td colspan="5">净化槽</td></tr>
<tr><td colspan="5">净化沼气池</td></tr>
</table>

根据不同的适用情况更为详细的分类见表 2-2。

不同地区污水分散处理技术分类 表 2-2

指标	属性	建议采用的技术
地形	平原	延时曝气、氧化沟、SBR、接触氧化、曝气生物滤池、MBR、稳定塘、人工湿地、慢速砂滤、净化槽、沼气净化池
	山地	氧化沟、SBR、接触氧化、曝气生物滤池、MBR、人工湿地、慢速砂滤、地表漫流、净化槽、沼气净化池
气候	南方	延时曝气、氧化沟、SBR、接触氧化、曝气生物滤池、MBR、稳定塘、人工湿地、慢速砂滤、地表漫流、净化槽、沼气净化池
	北方	延时曝气、氧化沟、SBR、接触氧化、曝气生物滤池、MBR、净化槽
政府收入	高	延时曝气、氧化沟、SBR、MBR、净化槽
	中	氧化沟、接触氧化、曝气生物滤池、人工湿地、慢速砂滤、沼气净化池
	低	稳定塘、人工湿地、慢速砂滤、地表漫流、沼气净化池
人均收入	高	延时曝气、氧化沟、SBR、MBR、净化槽
	中	SBR、接触氧化、曝气生物滤池
	低	稳定塘、人工湿地、慢速砂滤、地表漫流、沼气净化池
人口密度	大	SBR、MBR、净化槽
	中	延时曝气、氧化沟、SBR、接触氧化、曝气生物滤池、人工湿地、沼气净化池
	小	延时曝气、曝气生物滤池、稳定塘、人工湿地、慢速砂滤、地表漫流、沼气净化池
技术水平	高	氧化沟、SBR、MBR、净化槽
	中	延时曝气、接触氧化、曝气生物滤池
	低	稳定塘、人工湿地、慢速砂滤、地表漫流、沼气净化池
出水	灌溉	稳定塘、人工湿地、地表漫流、净化槽、沼气净化池
	高级回用	MBR、净化槽
	直接排放	延时曝气、氧化沟、SBR、接触氧化、曝气生物滤池、人工湿地、慢速砂滤、地表漫流、净化槽

2.3 污水组合工艺技术

一般农村污水的水量少且波动很大（$100m^3/d \sim 4000m^3/d$），还具有很强的季节性，与市政污水相比，农村污水污染物的浓度偏低（$COD_{Cr} \leqslant 300mg/L$，$BOD_5 \leqslant 150mg/L$），属于中低浓度生活污水，且以有机污染物为主，容易处理。

在一些地区还可以将集中处理工艺进行组合，以期达到更好的处理效果以及景观效应等，即可以采用“集中处理与分散处理相结合”的污水处理方法。

目前常用的村镇污水组合处理工艺技术主要有：生物接触氧化与人工湿地组合工艺、厌氧水解—高负荷生物滤池、滴滤池—人工湿地等，组合处理工艺能够充分结合农村生活污水的特点及农村地区的实际状况，有效地去除水中污染物。

图 2-1　组合式生活污水净化工程施工现场

村镇污水处理系统 3

我国地域发展不平衡，不同地域间农村差别较大，加之农村地区长期以来形成的居住方式、生活习惯等方面的差异，使得污水处理方式不能过于单一，而应根据农村具体现状、特点、风俗习惯以及自然、经济与社会条件，因地制宜地采用多元化的污水处理模式。

3.1 集中污水处理系统

集中污水处理系统即对所有农户产生的污水进行集中收集，统一建设一处处理设施，如小型污水处理设备或小型污水处理厂，处理村庄全部污水，例如著名的“江阴模式”：江苏省江阴市在广大村镇开拓出农村环境综合整治的一片“艳阳天”。为加大农村环境综合整治力度，实现“农业向集约化集中、企业向工业集中区集中、农民向集镇集中、污水集中处理”的目标，短短两年多时间，江阴市广大村镇就神奇般相继建起了27座万吨级的污水处理厂，日处理总量达到了33万吨，并保证了每个镇至少拥有一座污水处理厂，工业企业密集的周庄镇甚至建成了7座村镇级的污水处理厂。从目前调查的情况看，这些村镇污水处理厂全部运行良好，达到了“管好开足”的目的，从而为农村污水集中收集、集中处理创造了可供借鉴的“江阴经验”。

目前适用于农村的集中式污水处理方法通常采用自然处理、常规生物处理等工艺形式，例如生态滤池、稳定塘、人工湿地、土地渗滤、一体化氧化沟、地表漫流等。

3.1.1 蚯蚓生态滤池处理系统

蚯蚓土地处理系统是传统污水土地处理系统的一大改进，它利用蚯蚓穿梭觅食的特性，强化了污染物降解效果，同时蚯蚓粪的特有性质还可以改善土壤的颗粒结构，提高土壤的通透性，提高污水土地处理系统的水力负荷和有机负荷。蚯蚓微生物生态滤池是近年发展起来的新型生态污水处理技术，适用于50～300户左右集中型农户的污水处理。国内同济大学首先开展了相关的研究工作，开发出适应我国国情的蚯蚓生态滤池，并已经经历了小试、中试及生产规模性试验，为其实际应用提供了大量宝贵经验。该工艺能够真正实现污水污泥同步处理，处理工艺高效节能，具有鲜明的“生态平衡”和“环境友好”技术特色，符合可持续发展的需要，具有技术经济竞争优势，环境效益显著，具有良好的应用前景。

1. 蚯蚓生态滤池构造

蚯蚓生态滤池由布水器、滤料床和沉淀室构成。布水器起到均匀布水的作用，蚯蚓主要活动在滤料层的表层，滤料表面还铺有一定厚度的植物性填料，它能够起到二次布水，缓解水力冲刷对蚯蚓的影响，还能起到遮光，缓解环境温度剧烈变化的作用，为蚯蚓的正常生存提供保障。进入蚯蚓生态滤池的污水经过蚯蚓等其他生物的吞食、降解和滤池的截流，进入滤池底部的沉淀室进行泥水分离，澄清的上清液作为系统总出水排出，其结构模式如图3-1所示。

2. 蚯蚓及蚯蚓生态滤池工作原理

蚯蚓属变温动物，喜欢吞食肥力高的有机腐殖质，喜潮湿和阴暗，其极限生存温度为3℃～35℃，20℃～25℃是其生存的最适宜温度，最适宜蚯蚓活动的土壤含水量为20%～30%，饲料含水量一般以60%～70%最佳，如果蚯蚓长期处于渍水状态，就会出现逃逸甚至死亡的现象。广泛应用于环境污染生态治理中的蚯蚓主要为赤子爱胜蚓（Eisenia foetida），该蚓种繁殖快、趋肥性强，对环境温度及环境湿度的适应范围广。

蚯蚓生态滤池采用现代生态设计理念，创造性地在污水处理反应器中引入蚯蚓物种，延长和扩展了原有的微生物代谢链，强化了生态系统富集与扩散、合成与分解、拮抗与协同等多种自然调控作用。蚯蚓主要以污水中的悬浮物、生物污泥及部分微生物为食料，降解污染物质过程中所产生的蚓粪及蚯蚓磨碎的大块有机物，有利于微生物的生长繁殖，正是蚯蚓和微生物的这种协同共生作用，使蚯蚓生态滤床具有污水污泥同步高效处理的能力。蚯蚓在填料中穿梭觅食能增加滤池的氧含量，改善滤池内污泥积累，防止蚯蚓生存环境恶化；滤床中的蚓粪具有

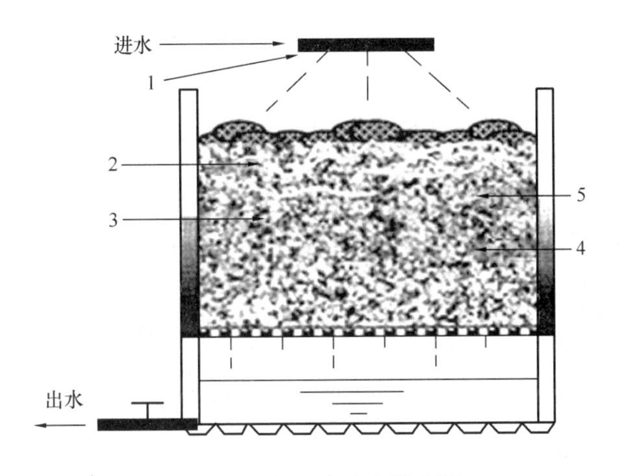

图 3-1 蚯蚓生态滤池模式图

1—旋转布水器；2—蚯蚓；3—生态滤床；4 —好氧反应；5—填料层

资料来源：1. 李军状，罗兴章，郑正等．塔式蚯蚓生态滤池处理集中型农村生活污水处理工程．中国给水排水，2009，25（4）：35-40.

2. 杨键，杨健，娄山杰．一种新型环境友好污水处理工艺——蚯蚓生态滤池．中国资源综合利用，2008，26（1）：16-19.

多孔带负电的性质，能吸附污水中的有机物和 NH_3-N，能提高滤池的硝化能力，保证出水水质和污泥的减量化稳定化效果。

本技术适用于经济较发达、人口密集的农村地区。这些地区的生活污水水量较小，N、P 含量高，平均分别为 20～50mg/L 和 3～8mg/L，COD_{Cr} 约为 300～600mg/L。但重金属含量较低，且污水可生化性较好。塔式蚯蚓生态滤池处理系统适合 50～300 户居民分布相对较集中的村落，也可拓展应用于城市大型生活小区、景观旅游区、度假村和大型宾馆等，日处理污水量可为 5～50 吨不等。蚯蚓生态滤池生活污水处理系统不仅可以处理人们生活产生的废水，同时污水处理系统还可作为点缀景观。塔式蚯蚓生态滤池生活污水处理系统耐受污染负荷能力和水力负荷能力均较强，适应条件较广。但生物处理系统受环境温度影响较大，在冬季温度较低的地区，需加强保温措施。

3. 蚯蚓生态滤池的生态经济效益

（1）蚯蚓生态滤池出水的再生利用

以同济大学研究开发的蚯蚓生态滤池生产性试验为例，蚯蚓生态滤池出水除

NH_3-N、TP、TN 外，其余指标均可满足《城镇污水处理厂污染物排放标准》GB 18918—2002 一级 B 排放标准，出水外观清澈，色度和浊度都很低，嗅觉无异味，具有较好的回用价值，能够达到《城市污水再生利用城市杂用水水质》GB/T 18920—2002 中城市绿化的要求。在农村或城镇郊区建立蚯蚓生态滤池更有优势，滤池出水可直接用于浇洒绿化带、花卉和灌溉农田，出水中少量蚓粪污泥还能够为植物提供肥料，变废为宝。

（2）蚓粪污泥的减量化

蚯蚓生态滤池污泥减量化效果显著，其减量率达 40.5%～48.2%，明显高于普通剩余污泥的减量率，不仅实现了减容，而且污泥内的生物固体含量也大大降低，真正实现了污泥减量化。可观测到滤床内部无明显的污泥积累现象，进水中的 SS 能及时被降解，不会滞留在滤床内发黑发臭而影响蚯蚓的正常生存。滤床出水 VSS/SS（可挥发性悬浮固体/悬浮固体）、出泥 VFA（挥发性脂肪酸）及出泥 SVI 值（污泥体积指数）均大大低于进泥，说明蚯蚓生态滤池污泥稳定化效果显著，出水及污泥均不易发黑发臭，减轻了对大气环境的污染，改善了污水厂附近居民的生活环境。

污泥比阻（SRF）和毛细吸水时间（CST）是评价污泥脱水性能的两个常用指标，SRF 越小、CST 越短污泥的脱水性能越好。蚯蚓滤池处理后的蚓粪污泥性质和结构组成比进水均发生了较大变化，蚓粪污泥中水分比普通污泥的水分更容易与固体分离，从而使得蚓粪污泥的 SRF、CST 均有所降低，脱水性能大大改善，仅需简单的脱水工艺，就能达到较低的含水率。蚓粪污泥（起始浓度为 22.4g/L）经 0.5h 沉降后体积与经 24h 沉降后体积相差不超过 2.5%，表明蚓粪污泥的沉降性能十分优异，与消化稳定污泥相当，可省去污泥浓缩单元，大大简化了处理流程。

（3）蚓粪污泥的农用

蚓粪污泥的营养成分丰富，与养殖蚯蚓的蚯蚓粪成分相当。蚯蚓具有促进氮、磷循环的作用，使污泥中的总氮总磷向速效氮速效磷转化，提高了污泥的肥效，是一种优质高效的农用肥料和土壤改良剂。蚯蚓生态滤池出水菌群总数也大大小于进水，仅为 8.5×10^2 个/mL。经蚯蚓生态滤池处理过的污泥除镍略高外，其他重金属含量均明显低于我国农用污泥酸性土壤最高允许含量，基本达到污泥农用的标准。由于该生产性蚯蚓生态滤池进水为合流污水，含有大量的工业废水，所以金属含量高，如果用于处理生活污水，重金属含量将更小，完全可以实现蚓粪污泥农用，达到资源化利用的目的。

（4）蚯蚓生态滤池的经济效益

蚯蚓生态滤池可以实现污水和污泥同步高效处理，工艺流程十分简单，不需建设初沉池、二沉池和污泥浓缩池，除提升泵外不需要其他复杂的机械设备，不需要专业的技术人员维护，因此其基建投资费用、运行费用均明显低于传统二级生物处理工艺，非常适合于经济基础薄弱的中小城镇。

4. 蚯蚓生态滤池应用实例

法国 1991 年就建立了世界上第一座利用蚯蚓处理城市生活垃圾的垃圾处理场，日处理垃圾 20～30 吨，仅需 4 个工人操作，垃圾处理成本每吨仅为 360 法郎。2000 年悉尼奥运会期间，利用蚯蚓处理奥运村的生活垃圾，做到了垃圾不出村就能就地解决。

去年，东阳市歌山镇尚侃村得到了中央农村环保专项资金的支持，投资 130 万元建设“塔式蚯蚓生态滤池”，经过一年的建设，如今这个处理系统已经建成投入使用。

“现在我们 600 多户人家的厨房等用水处都有一根管子通往地下，生活污水

图 3-2 塔式蚯蚓生态滤池施工效果图

资料来源：http：//jshj. org/lsbg _ jiemushow. asp? id=186 太仓农村环境综合整治进行时，20090711.

首先通过新建成的管网流到了一个容积100吨的厌氧池中，再送到6个生滤塔池进行处理。”金长法说，“处理系统的秘密全在这些滤池里，这些池形成了一个由蚯蚓、土壤、植物、微生物组成的多级生态处理系统，里面放养了60kg的蚯蚓，通过土壤里的蚯蚓，把过滤出来的主要营养成分消化掉了，小蚯蚓解决了大问题!”经过蚯蚓的作用，原本臭气熏天的生活污水经过这个塔式蚯蚓生态过滤池之后，出来的水就变得清澈了。

据介绍，该系统耐受污染负荷能力和水力负荷能力均较强，适应条件较广，日处理污水量可达100吨，运行成本小于0.2元/吨，使用寿命可达30年以上。

3.1.2　稳定塘处理技术

稳定塘旧称氧化塘或生物塘（Oxidation Pond），是一种利用天然净化能力对污水进行处理的构筑物的总称。其净化过程与自然水体的自净过程相似，是利用藻类和细菌两类生物间功能上的协同作用处理污水的一种生态系统。由藻类的光合作用产生的氧以及空气中的氧来维持好氧状态，使池塘内废水中的有机物在微生物作用下进行生物降解。

稳定塘通常是将土地进行适当的人工修整，建成池塘，并设置围堤和防渗层，依靠塘内生长的微生物来处理污水。主要利用菌藻的共同作用处理废水中的有机污染物。在我国，特别是在缺水干旱地区，稳定塘是实施污水资源化利用的有效方法，近年来成为我国着力推广的一项技术。与传统的二级生物处理技术相比，高效藻类塘具有很多独特的性质，对于土地资源相对丰富，但技术水平相对落后的农村地区来说，是一种较具推广价值的污水处理技术。

1. 稳定塘的结构

按照塘内微生物的类型和供氧方式来划分，稳定塘可以分为以下四类：

（1）好氧塘。好氧塘是一种菌藻共生的污水好氧生物处理塘。深度较浅，一般为0.3～0.5m。阳光可以直接射透到塘底，全部塘水都含有溶解氧，塘内存在着细菌、原生动物和藻类，由藻类的光合作用和风力搅动提供溶解氧，好氧微生物对有机物进行降解。

根据在处理系统中的位置和功能，好氧塘有高负荷好氧塘、普通好氧塘和深度处理好氧塘三种。

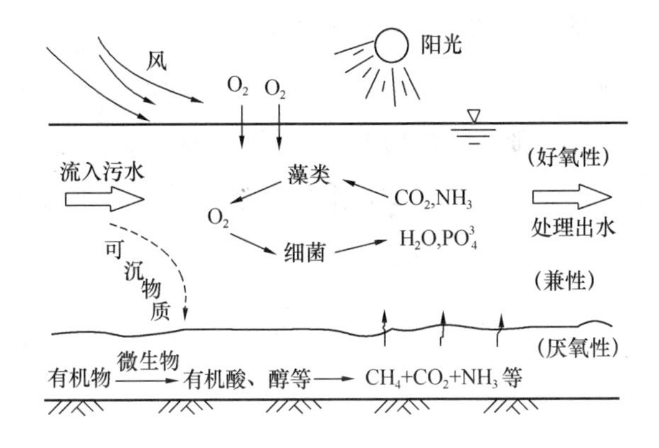

图 3-3 稳定塘内的生物学过程示意图

资料来源：水污染控制工程教学资料素材库，2007。

高负荷好氧塘设置在处理系统的前部，目的是处理污水和产生藻类，其特点是水深较浅，水力停留时间短，有机负荷较高。普通好氧塘起二级处理的作用，特点是有机负荷较高，水深相对较大，水力停留时间较长。深度处理好氧塘设置在塘处理系统的后部或二级处理系统之后，作为深度处理设施，特点是有机负荷较低，水深相对较大。

好氧塘净化有机污染物的基本工作原理如图 3-4 所示。塘内存在着菌、藻和原生动物的共生系统。有阳光照射时，塘内的藻类进行光合作用，释放出氧，同时，由于风力的搅动，塘表面还存在自然复氧，二者使塘水呈好氧状态。塘内的好氧型异养细菌利用水中的氧，通过好氧代谢氧化分解有机污染物并合成本身的细胞质，其代谢产物 CO_2 则是藻类光合作用的碳源。

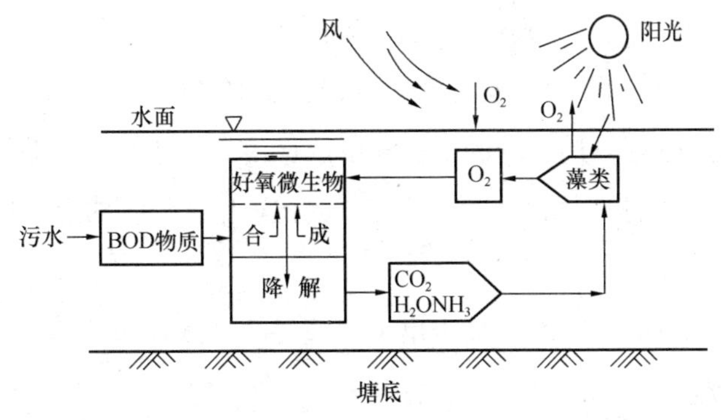

图 3-4 好氧塘工作原理示意图

资料来源：水污染控制工程教学资料素材库，2007。

（2）兼性塘。目前兼性塘（Facultative Pond）广泛地应用于处理工业、农业废水和生活污水。一部分接纳原排放废水，另一部分接纳经沉淀池、澄清池、化粪池、厌氧塘、生物滤池或活性污泥法处理后的排放废水。兼性塘的有效水深一般为1.0～2.5m，通常由3层组成，上层好氧区、中层兼性区和底部厌氧区，沉淀污泥在此进行厌氧发酵。如图3-5所示。

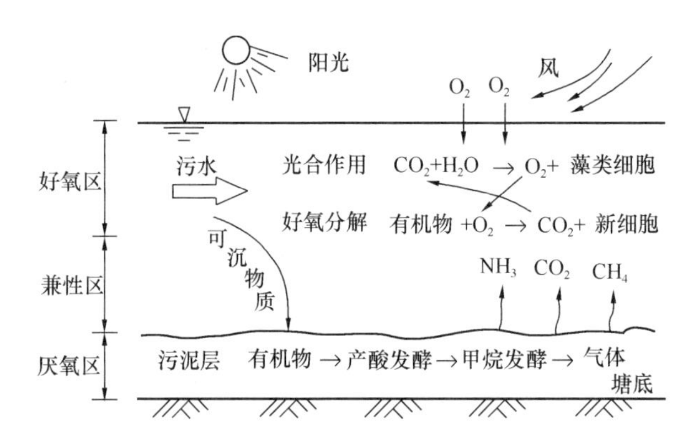

图3-5　兼性塘工作原理示意图

资料来源：水污染控制工程教学资料素材库，2007。

好氧区对有机污染物的净化机理与好氧塘基本相同。兼性区的塘水溶解氧较低，而且时有时无。这里的微生物是异养型兼性细菌，它们既能利用水中的溶解氧氧化分解有机污染物，也能在没有分子氧的条件下，以NO_3^-、CO_3^{2-}作为电子受体进行无氧代谢。

厌氧区没有溶解氧。可沉物质和死亡的藻类、菌类在此形成污泥层。污泥层中的有机质由厌氧微生物对其进行厌氧分解。与一般的厌氧发酵反应相同，其厌氧分解包括产酸发酵和产甲烷发酵两个过程。发酵过程中未被甲烷化的中间产物（如脂肪酸、醛和醇等）进入塘的上层和中层，由好氧菌和兼性菌继续进行降解。而CO_2和NH_3等代谢产物进入好氧层，部分逸出水面，部分参与藻类的光合作用。

兼性塘内BOD的去除率取决于出水中藻类的密度，一般为70%～95%，最高可达99%。光照时间的长短会影响空气和水温的变化。在给定条件下，光照时间长和水深较浅时，有利于藻类生长，氧的产生量高。

由于兼性塘的净化机理比较复杂，因此兼性塘去除污染物的范围比好氧处理系统广泛，它不仅可去除一般的有机污染物，还可以有效地去除磷、氮等营养物质和某些难降解的有机污染物，如木质素、有机氯农药、合成洗涤剂、硝基芳烃等。因此，它不仅用于处理城市污水，还被用于处理石油化工、有机化工、印染、造纸等工业废水。

(3) 厌氧塘。厌氧塘（Anaerobic Pond）的塘深在 2m 以上，有机负荷高，全部塘水均呈厌氧状态，由厌氧微生物起净化作用，净化速度慢，污水在塘内停留时间长。厌氧塘常用于高浓度废水的预处理，如屠宰厂、造纸厂、食物加工厂和石油化工工业以及其他高浓度有机废水的处理。

厌氧塘对有机污染物的降解，与所有的厌氧生物处理设备相同，是由两类厌氧菌通过产酸发酵和甲烷发酵两个阶段完成的。即先由兼性厌氧产酸菌将复杂的有机物水解，转化为简单的有机物（如有机酸、醇、醛等），再由绝对厌氧菌（甲烷菌）将有机酸转化为甲烷和二氧化碳等，如图 3-6 所示。由于甲烷菌的世代时间长，增殖速度慢，而且对溶解氧和 pH 值敏感，因此厌氧塘的设计和运行，需要以甲烷发酵阶段的要求作为控制条件，控制有机污染物的投配率，以保持产酸菌和甲烷菌之间的动态平衡。

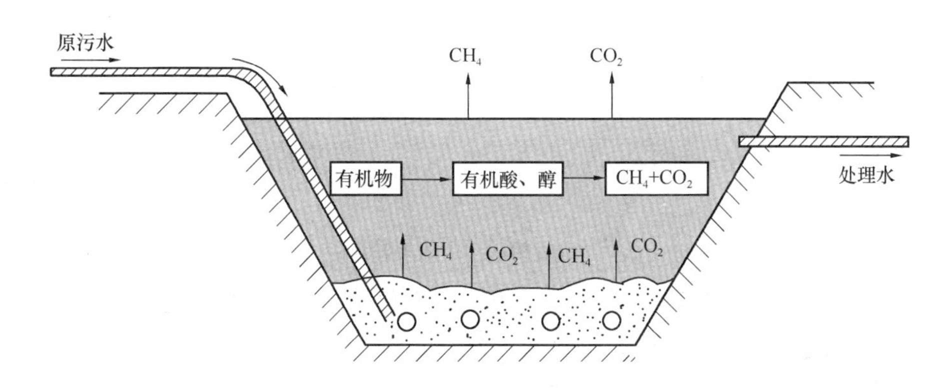

图 3-6 厌氧塘功能模式示意图

资料来源：水污染控制工程教学资料素材库，2007。

由于厌氧塘的处理效果不高，出水的 BOD_5 浓度仍然较高，不能达到二级处理的水平，因此，厌氧塘很少单独用于污水处理，而是作为其他处理设备的前处理单元。厌氧塘前应设置格栅、普通沉砂池，有时也设置初次沉淀池。

厌氧塘的主要问题是臭气的产生，可利用厌氧塘表面的浮渣层或采取人工覆盖措施来防止臭气的逸出，有时也采用回流好氧塘出水使其布满厌氧塘表面的方法来减少臭气的逸出。

（4）曝气塘。曝气塘的塘深大于 2m，采取人工曝气方式供氧，塘内全部处于好氧状态。曝气塘一般分为好氧曝气塘和兼性曝气塘两种。

曝气塘是在塘面上安装有人工曝气设备的稳定塘。曝气塘有两种类型：完全混合曝气塘和部分混合曝气塘，如图 3-7 所示。塘内生长有活性污泥，污泥可以回流也可以不回流，有污泥回流的曝气塘实质上是活性污泥法的一种变型。微生物生长的氧源来自人工曝气和表面复氧，以前者为主。曝气设备一般采用表面曝气机。完全混合曝气塘中曝气装置的强度应能使塘内的全部固体呈悬浮状态，并使塘水有足够的溶解氧供微生物分解有机污染物使用。部分混合曝气塘不要求保持全部固体呈悬浮状态，部分固体可以沉淀并进行厌氧消化，故其塘内曝气机布置较完全混合曝气塘稀疏。

曝气塘出水的悬浮固体浓度较高，排放前需进行沉淀分离。沉淀的方法可以采用沉淀池或在塘中分割出用于沉淀的静水区。若曝气塘后设置兼性塘，则兼性塘可以在进一步处理其出水的同时起沉淀池的作用。

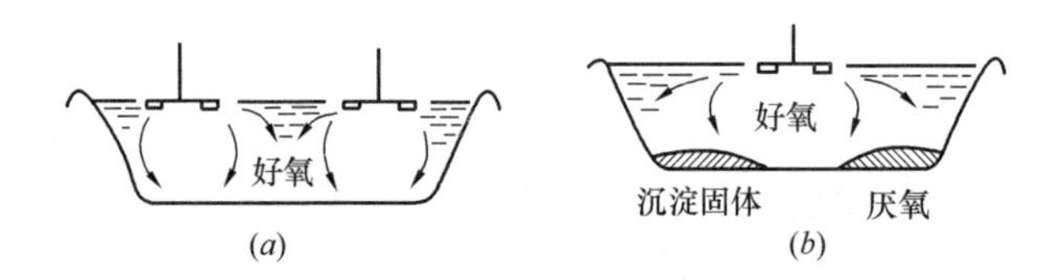

图 3-7　曝气塘工作示意图

（*a*）完全混合曝气塘工作示意图；（*b*）部分混合曝气塘工作示意图

资料来源：水污染控制工程教学资料素材库，2007。

此外，还有其他一些类型的稳定塘：

深度处理塘——作用是进一步提高二级处理水的出水水质。

水生植物塘——在塘内种植一些纤维管束水生植物，比如芦苇、水花生、水浮莲、水葫芦等，能够有效地去除水中的污染物，尤其是对氮磷有较好的去除效果。

生态系统塘——在塘内养殖鱼、蚌、螺、鸭、鹅等，这些水产水禽与原生动物、浮游动物、底栖动物、细菌、藻类之间通过食物链构成复杂的生态系统，既能进一步净化水质，又可以使出水中藻类的含量降低。

2. 稳定塘的工作原理

稳定塘是以太阳能为初始能量，通过在塘中种植水生植物，进行水产和水禽养殖，形成人工生态系统，在太阳能（日光辐射提供能量）作为初始能量的推动下，通过稳定塘中多条食物链的物质迁移、转化和能量的逐级传递、转化，将进入塘中污水的有机污染物进行降解和转化，最后不仅去除了污染物，而且以水生植物和水产、水禽的形式作为资源回收，净化的污水也可作为再生资源予以回收再利用，使污水处理与利用结合起来，实现污水处理资源化。

人工生态系统利用种植水生植物、养鱼、鸭、鹅等形成多条食物链。其中，不仅有分解者生物即细菌和真菌，生产者生物即藻类和其他水生植物，还有消费者生物，如鱼、虾、贝、螺、鸭、鹅、野生水禽等，三者分工协作，对污水中的污染物进行更有效的处理与利用。如果在各营养级之间保持适宜的数量比和能量比，就可建立良好多生态平衡系统。污水进入这种稳定塘，其中的有机污染物不仅被细菌和真菌降解净化，其降解的最终产物，一些无机化合物作为碳源、氮源和磷源，以太阳能为初始能量，参与食物网中的新陈代谢过程，并从低营养级到高营养级逐级迁移转化，最后转变成水生作物、鱼、虾、蚌、鹅、鸭等产物，从而获得可观的经济效益。

3. 生态塘系统的典型处理设施

生态塘系统工艺常规处理设施及其功用如表 3-1 所示。

生态塘典型处理流程一览表 **表 3-1**

处理程度	处理流程	功用
预处理	1. 格栅	去除大块污物
	2. 沉砂池	去除砂和其他无机杂粒
一级处理	3. 厌氧塘	去除 COD_{Cr}、BOD、有机 N、NO_x^--N 和重金属等
二级处理	4. 兼性塘	去除 COD_{Cr}、BOD、有机 N、NO_x^--N 和有机 P 等
	5. 曝气塘	进一步去除 COD_{Cr}、BOD、NH_3-N，去除难降解有机化合物
	6. 水生植物塘	进一步去除有机物和重金属、TN、NH_3-N、NO_x-N 和 TP 等

续表

处理程度	处理流程	功用
三级处理	7. 养鱼塘	养鱼，摄食水中藻类、各类水生植物和生物，形成食物链。其排泄物使 SS、BOD、COD_{Cr}和 TN 等有所增加
	8. 养鸭、鹅塘	
	9. 水生作物塘	消除增生的污染物，并同时生产藕、莲子等，美化环境
	10. 芦苇塘或芦苇湿地	进一步净化水质、盛产芦苇
	11. 农田灌溉	进一步去处 COD_{Cr}、BOD、N 和 P 等，水质可达地表水 3～4 级

4. 稳定塘的生态经济效益

(1) 稳定塘的生态学分析

稳定塘系统是一个配合完美的生态系统，从生态学原理出发，充分发挥稳定塘及土壤——植物自然系统内微生物种类及土壤渗滤、植物根际等的净化能力，通过工程措施加以强化，可以使城市污水在一级处理后达到稳定化和无害化，又可利用净化后的水进行农田灌溉。这在推崇生态和谐的大趋势下具有很大的优势。

(2) 稳定塘的经济效益

稳定塘污水处理系统基建投资低，当有旧河道、沼泽地、谷底可利用作为稳定塘时，稳定塘系统的基建投资大大降低；运转费用低、维护和维修简单、便于操作、动力消耗低，约为传统二级处理厂的 1/5～1/3；稳定塘能有效去除污水中的有机物和病原体，无须污泥处理，出水可以用于农业灌溉，可以充分利用污水的水肥资源，养殖水生动物和植物，组成符合生态系统的多级食物链，既可以去除多余藻类又能取得一定的经济效益。在我国，特别是在缺水干旱的地区，实施污水的资源化利用是有效方法，所以稳定塘处理污水近年来成为我国着力推广的一项新技术。

5. 生态塘应用实例

广州市番禺区尖峰山养猪场是珠江三角洲上万座养猪场中的一座，每年可生产 10000 头成猪，同时每天排放 $140m^3$ 废水。养猪废水为高浓度有机废水，其 COD_{Cr}浓度达 8000～10000mg/L，BOD 达 4000～6000mg/L，总氮达 500～

1000mg/L，如果不经处理直接排入附近的水环境会造成严重的污染，并造成死鱼等事故。为了解决水环境污染问题，设计和建造了生态塘系统，用于处理该养猪场的废水。在珠江三角洲地区年平均温度超过 21℃，并且年日照时间超过 2000h，采用生态塘对养猪废水进行处理和再利用是可行的，该生态塘系统是由预处理、底部带有发酵坑的高效厌氧塘、厌氧转化塘、藻菌共生塘和养鱼塘组成，其处理流程为：原生污水→格栅→沉淀池→调节池→高效厌氧塘→厌氧转化塘→藻菌共生塘→养鱼塘。

在高效厌氧塘的前端塘底处设有发酵坑。在厌氧转化塘中装填有淹没式生物膜所附着的由亲水性化学合成材料制成的纤维载体（固定在环形塑料板上的纤维状载体）。藻菌共生塘由 5 个串联的单元组成，前 2 个单元的水深为 1.2m，后 3 个单元的水深为 0.8m。在塘中通过光合作用生长了大量的藻类，利用细菌的降解作用产生出 CO_2、NH_4^+-N 和 PO_4^{3-}-P。

处理系统投产运行后处理效果非常好，各个单元塘的处理效果明显。高效厌氧塘对 COD_{Cr} 和 BOD_5 的去除率分别高达 85%和 90%以上。厌氧转化塘对 BOD_5 和 COD_{Cr} 的去除率分别约为 10%和 20%，但其主要的功能是将一些难降解的有机化合物转化为易降解的有机化合物，而使 BOD_5/COD_{Cr} 的比值有所提高。出水进入其后的藻菌共生塘中，通过细菌的氧化降解，BOD_5 和 COD_{Cr} 均有大幅度的下降，其去除率分别为 70%和 50%，通过藻类的光合作用，TN、NH_3-N 和 TP 都有大量的减少，去除率为 60%左右，但 SS 却大幅度升高。出水进入养鱼塘中，藻类作为鱼的饵料而被鱼食用并完成净化过程，其 COD_{Cr} 和 BOD_5 分别达到 40%和 50%的去除率，而氨氮、总氮分别达到 90%和 80%的去除率，总磷和磷酸盐达到 75%和 90%的去除率。同时，鱼塘中放养的鱼放养一年，就从 0.1～0.2kg 的鱼苗成为 1.0～1.2kg 的成鱼，亩产鱼达 400kg。

3.1.3 生物膜处理工艺

生物膜法主要工艺有生物滤池、生物转盘、生物接触氧化池和生物流化床等，同时，大量新型的生物膜反应器，如气提式生物膜反应器、移动床生物膜反应器、续批式生物膜反应器、复合式活性污泥生物膜反应器、升流式厌氧污泥床—厌氧生物滤池等近年来也得到了很好的应用。

1. 生物膜工艺的主要类型

（1）普通生物滤池。生物滤池是以土壤自净作用原理为依据，在废水灌溉的基础上发展起来的。1893 年英国将废水往粗大滤料上喷洒进行净化试验取得了成功。1 年后这种净化废水的方法得到公认，命名为生物过滤法，构筑物被称为生物滤池，并迅速地在欧洲和北美得到广泛应用。

生物滤池，又称洒滴池，生物滤池一般是长方形或圆形，池内填有滤料，滤料层上为布水装置，滤料层下为排水系统，见图 3-8。废水通过布水装置均匀洒到生物滤池表面，呈涓滴状流下，一部分废水呈薄膜状被吸附于滤料周围，成为附着水层；另一部分则呈薄膜流动状流过滤料，并从上层滤料向下层滤料逐层滴流，最后通过排水系统排出池外。

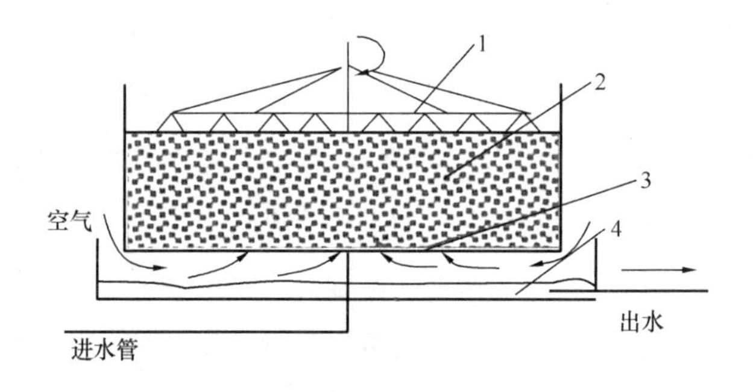

图 3-8 普通生物滤池结构示意图

1—布水装置；2—滤料；3—排水假底；4—排水层

（2）塔式生物滤池。塔式生物滤池（Tower Biofilter）是近 30 年左右发展起来的新型生物滤池，它占地面积少，基建费用少，净化效率高。构筑物一般高度在 18～24m，直径与高度之比为 1∶6～1∶8，形似高塔，因此延长了污水、生物膜和空气接触的时间，处理能力相对较高，有机负荷可达 2～3kg（BOD）/（m^3·d），适用于大城市处理负荷高的废水（如图 3-9 所示）。塔式生物滤池通常分为数层，用隔栅承受滤料。早期采用炉渣、煤渣等做滤料，后来出现塑料波纹板、酚醛树脂浸泡过的纸蜂窝或泡沫玻璃块等滤材，具有表面系数大、质轻、耐压等优点。多数塔滤采用自然通风，比鼓风更易于在冬天维持塔内水温。

塔式生物滤池的水力负荷比普通生物滤池高 5～10 倍，有机负荷也高 2～6 倍。其效率高的主要原因是生物膜与污水接触时间较普通生物滤池长，而且在不同的塔高处形成不同的生物相，污水从上到下在不同高度受到不同微生物及微型动物的作用；另外塔形的滤池内可以形成自然抽风，有利于氧的供应。但由于污水停留时间仍较短，对大分子有机物的氧化分解较困难。

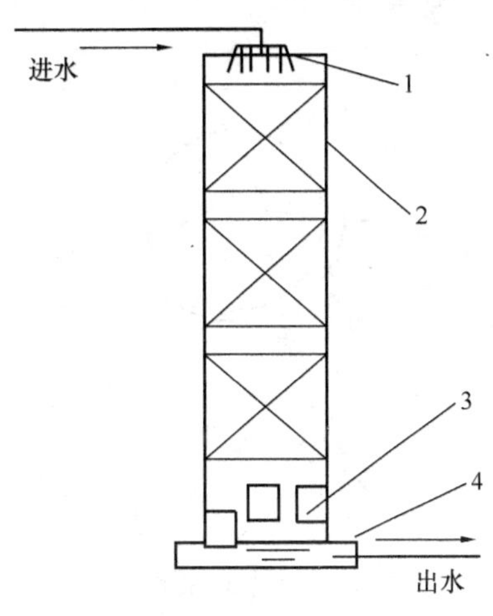

图 3-9 塔式生物滤池结构示意图

1—布水装置；2—塔身；

3—塔底座；4—塔基础

(3) 生物转盘滤池。生物转盘滤池（Biological Disk）又称浸没式生物滤池，也是一种生物膜法处理设备。由于它具有很多优点，因此，自1954年德国建立第一座生物转盘污水处理厂后，到20世纪80年代，欧洲已建成2000多座生物转盘滤池，发展迅速。我国于20世纪70年代开始进行研究，已在印染、造纸、皮革和石油化工等行业的工业废水处理中得到应用，效果较好。

生物转盘滤池由装配在水平横轴上的、间隔很近的一系列大圆盘盘片所组成。盘片直径可以为1～4m，厚度为2～10mm，数目根据废水量和水质而定，相邻圆盘的间距为15～25mm。圆盘的一半浸没在污水槽中，一半暴露在空气中。污水在槽里的流向与水平横轴垂直，与盘面平行。生物膜吸附在圆盘表面，圆盘以0.013～0.05r/s的速度缓慢转动，浸入废水中那部分盘片上的生物膜吸附废水中的有机物，当转出水面时，生物膜又从大气中吸收氧气。由此，生物膜交替接触空气和污水，使有机物氧化分解，污水得到净化。在处理过程中，盘片上的生物膜不断地生长、增厚，过剩的生物膜靠圆盘在旋转时与废水之间产生的剪切力而剥落下来，随处理水流入二沉池。在二沉池中，上清液排出系统即为经处理后的出水，而沉淀的过剩生物膜即为剩余污泥（如图3-10所示）。

盘片的材料要求质轻、耐腐蚀、坚硬和不变形。目前多采用聚乙烯硬质塑料或玻璃钢制作盘片。转盘可以是平板或由平板与波纹板交替组成。当系统要求的盘片总面积较大时，可分组安装，一组称一级，串联运行。转盘分级布置使其运行较灵活，可以提高处理效率。

生物转盘具有以下特点：①繁殖大量的丝状菌，因而有利于增加活性表面积，生物氧化能力较强，能承受负荷变化。②生物膜与污水和空气的接触时间可

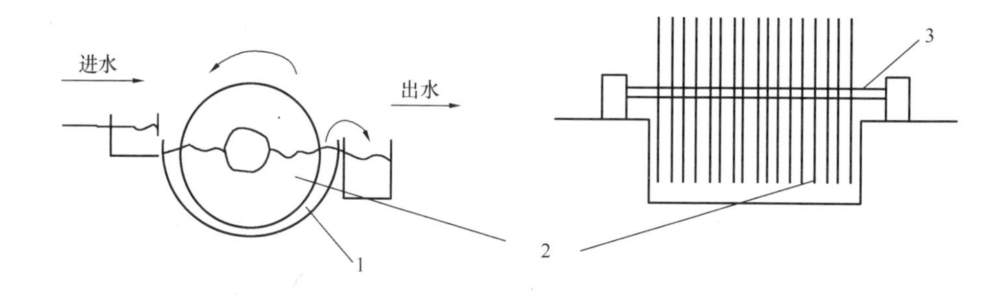

图 3-10 生物转盘滤池结构示意图

1—污水槽；2—圆盘盘片；3—水平转轴

以通过调节圆盘转速来控制，从而调节生物膜的生成量。当转速较快时，生物膜与空气接触多、代谢旺盛，生成的生物膜也相应增加。同时由于转速快时剪切力也会增大，使得生物膜的脱落量也相应增加，也加快了生物膜生长、代谢和更新的速度。③可以进行分级运转，使优势微生物种群因级而异，有利于发挥多种微生物的作用。④生物膜成熟期较短，一旦生物膜受损坏，挂膜较容易。⑤管理方便，运行费用较低。

（4）生物接触氧化池。生物接触氧化池（Bio-contact Aeration Process）的处理构筑物是浸没曝气式生物滤池。生物接触氧化池结构包括池体、填料、布水装置、曝气装置。图 3-11 为生物接触氧化池的构造示意图。

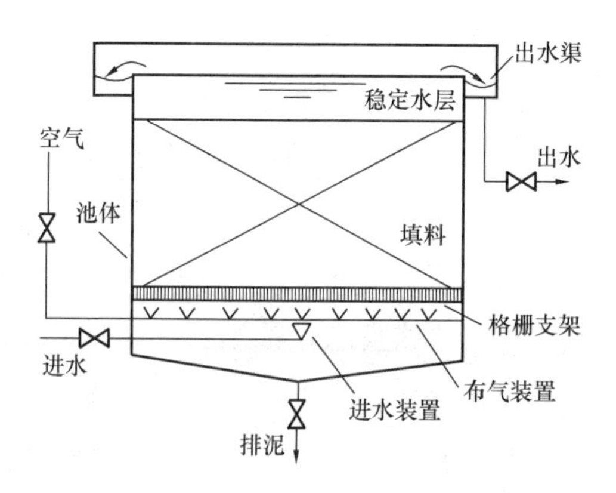

图 3-11 生物接触氧化池结构示意图

生物接触氧化池内设置填料，填料淹没在废水中，填料上长满生物膜。在废水与生物膜接触过程中，水中的有机物被微生物吸附，氧化分解并转化为新的生物膜。从填料上脱落的生物膜，随水流到二沉池后被去除，废水得到净化。在接触氧化池中，微生物需要的氧气来自废水中的溶解氧，并由鼓入的空气不断补充。空气通过设在池底的穿孔布气管进入水体，当气泡上升时不断向废水供应氧气。

生物接触氧化法具有下列特点：①由于填料的比表面积大，池内的充氧条件良好，生物接触氧化池具有较高的容积负荷。②生物接触氧化法不需要污泥回流，也就不存在污泥膨胀问题，运行管理简便。③由于生物固体量多，水流又属于完全混合型，因此生物接触氧化池对水质水量的骤变有较强的适应能力。④生物接触氧化池有机容积负荷较高时，污泥产量较低。

（5）生物流化床。生物流化床（Biological Fluihead Bed）是指为提高生物膜法的处理效率，以砂（或无烟煤、活性炭等）作填料并作为生物膜载体，废水自下向上流过砂床使载体层呈流动状态，从而在单位时间加大生物膜同废水的接触面积和充分供氧，并利用填料沸腾状态强化废水生物处理过程的构筑物。构筑物中填料的表面积超过 3300m^2/m^3，填料上生长的生物膜很少脱落，可省去二次沉淀池。床中混合液悬浮固体浓度达 8000～40000mg/L，氧的利用率超过 90%，根据半生产性试验结果，当空床停留时间为 16～45min 时 BOD 和氮的去除率均大于 90%，此时填料粒径为 1mm，膨胀率为 100%，BOD 负荷 16.6kg（BOD_5）/（m^3·d）。根据其中的微生物主要营养形式，又可以分为好氧生物流化床和厌氧生物流化床。这里只介绍好氧生物流化床。

好氧生物流化床的主体结构是一个塔式或柱式的反应器。反应器内装填着一定高度的小粒径固体颗粒，如砂、无烟煤或活性炭等，微生物以此为载体形成生物膜。反应器底部通入污水与空气形成一个气、液、固三相反应系统。当污水流速高于一定值时，固体颗粒可在反应器内自由运动，这时整个反应器呈现流化状态，形成了所谓“流化床”。图 3-12 为好氧生物流化床的工艺流程示意图。

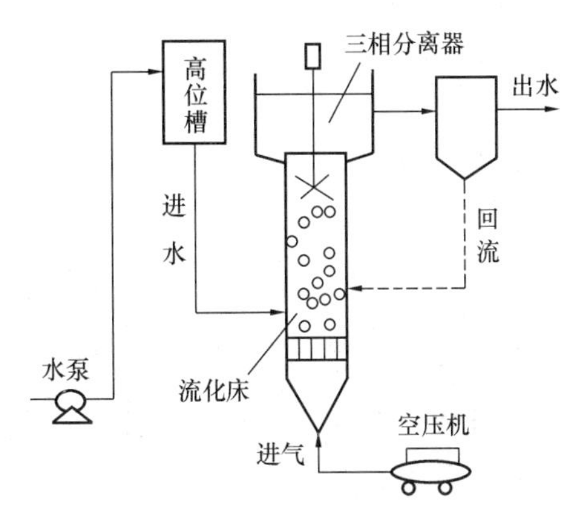

图 3-12 好氧生物流化床工艺流程示意图

好氧生物流化床中固体颗粒粒径的范围在 0.5～1.0mm 之间，比表面积至

少为 $1000 \sim 2000m^2/m^3$（砂粒），远比生物转盘（$50m^2/m^3$）和生物滤池（$25m^2/m^3$）大，因而，生物流化床属于高效废水生物处理装置，特别适于处理高浓度有机废水。

流化床内生物污泥量最大可达到 30～40g/L，因而吸附和氧化降解有机物能力特别强，也要求有很高的溶解氧浓度。流化床进水 BOD_5 浓度可达 8000g/L，高出活性污泥法 10 倍左右，BOD_5 负荷可达到 7.3kgBOD_5/（$m^3 \cdot d$），比活性污泥法高出 20～30 倍。处理的效率高，一般在 15min 内就可以完成活性污泥法 4h 才能完成的工作，效率高出活性污泥法的 15～20 倍。流化床法投资低于活性污泥法，占地面积小，不散发臭味，也不会发生活性污泥膨胀和滤料堵塞的现象。

生物流化床的主要缺点是动力消耗较大，处理的水量较少。

2. 生物膜法的作用机理

生物膜法是利用生物膜上生长的微生物摄取污水中的有机污染物作为营养来净化废水。通常以天然材料（如卵石）、合成材料（如纤维）为载体，为微生物提供附着面，微生物通过分泌的酵素和催化剂降解污水中的物质，同时代谢生成物排出生物膜。其净化原理如图 3-13 所示。

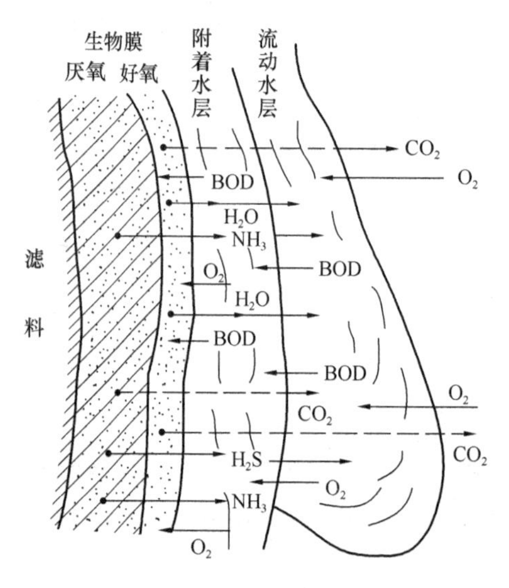

图 3-13　生物膜净化原理示意图

开始形成的生物膜是好氧性的，但随着生物膜厚度的增加，氧气在向生物膜内部扩散的过程逐步受到限制，生物膜就分成了外部的好氧层、内部与载体界面处的厌氧层以及两者之间的兼性层。因此，生物膜是一个十分复杂的生态系统，其上存在着的食物链在有效地去除有机物的废水净化过程中，起着十分重要的作用。生物膜在污水处理过程中不断增厚，使附着于载体一面的厌氧区也逐渐扩大增厚，最后生物膜老化、剥落，然后又开始新的生物膜形成过程。这是生物膜的正常更新过程。

生物膜主要由下列微生物组成：

（1）细菌和真菌。生物膜表面为好氧，中间是兼性，与滤料接触的表面往往呈厌氧状态。在这三种不同的微环境条件下，各有其优势种群。在生物膜的好氧层常由专性好氧的芽孢杆菌属的细菌占优势。在厌氧层，能见到专性厌氧的反硫化弧菌属细菌存在于膜和滤料的界面上。生物膜上数量最多的细菌是兼性细菌，主要有假单胞菌属、产碱杆菌属、黄杆菌属、无色杆菌属、微球菌属和动胶杆菌属 6 个属的细菌。另外，还存在有大肠杆菌和产气杆菌等肠道杆菌。在生物膜上还经常能见到丝状微生物，如球衣细菌、贝氏硫细菌和发硫细菌等，后两种往往存在于膜的厌氧部分。在好氧区还可能生长有丝状真菌，它们只存在于有溶解氧的层次内。但在正常情况下，真菌受到细菌营养竞争的抑制，只有在 pH 值较低或在特殊的工业废水中，真菌才可能在滤膜上超过细菌而占优势。如果 BOD 负荷很高，则可能发生真菌异常增殖，甚至会造成滤池堵塞。

在生物膜处理系统中不存在丝状细菌引起的污泥膨胀问题，因而具有一定降解能力的丝状细菌如球衣细菌等的存在，对废水处理十分有利。

（2）原生动物。在普通生物滤池、生物转盘等生物膜中，出现频度高的原生动物为纤毛虫类和肉足类，尤其是纤毛虫类占多数。与活性污泥不同的是呈分枝状增殖的种类如独缩虫、累枝虫、盖虫等常占优势，有时可以见到由这些种的数百个细胞组成的群体。

在一个生物滤池中，上层常有植鞭毛虫分布，那里有足够的有机物可供他们与细菌竞争。纤毛虫则在生物膜的好氧层的各个部位均能找到，不过在膜的表层是游动纤毛虫占优势，较下层为有柄纤毛虫占优势。当然，不同类型构筑物的生物膜中，原生动物的优势情况是不相同的。即使在同一个滤池，当基质和环境条件发生变化时，也会影响优势种的改变。

（3）微型后生动物。生物膜上出现的后生动物有轮虫类、线虫类、昆虫类、腹足类、寡毛类等。生物膜上出现的轮虫类的种类与活性污泥的大体相同，但个体数多得多。线虫类也比活性污泥中多，而且其个体数并不随季节的不同发生显著的变动。生物膜上出现的寡毛类，在 1mg 干生物膜中有时可达到 1000 个以上。

生物膜具有较大的表面积，能够大量吸附废水中的胶体和溶解性物质并将有机物分解，使废水得以净化。它是在 19 世纪末开始应用，由于具有一些独特的优点，如运行稳定、抗冲击负荷、更为经济节能、无污泥膨胀问题、具有一定的硝化与反硝化功能、可实现封闭运转防止臭味等，自 20 世纪 70 年代以来，生物膜法开始被广泛使用，具有较高的处理效率，对于受有机物及氨氮轻度污染的水体有明显的净化效果。目前，生物膜法已不仅是一种好氧处理技术，还相继出现了厌氧滤池、厌氧生物流化床等厌氧处理技术。另外，在反应器形式、膜的载体种类结构和材料种类等方面也都有较大的发展。

3. 生物膜法的应用实例

蓄水池里，螺蛳沿壁爬行，两寸来长的小鱼和水下 60cm 深处的树叶清晰可见。这是松江区曹家浜污水处理站的蓄水池，池里盛着污水经过净化处理后得到的清水。处理站担负着为曹家浜村 250 家农户净化污水的任务，自从一年前采用上海交通大学的“节能型组合式复合生物滤池技术”后，村民发现，处理每吨污水耗能仅需 0.1kW·h 电，大约只要 7 分钱，出水就能达到国家一级 B 排放标准。

上海交大农业与生物学院邱江平、蒯琳萍教授领衔的课题组结合上海市科委“黄浦江、苏州河水环境治理生态修复关键技术及集成示范”重大项目，于 2006 年成功开发了一套适合于村镇综合污水分散式处理的节能型组合式复合生物滤池技术。

上海交大“滤池技术”属于生物膜法污水处理工艺范畴。在曹家浜污水处理站，污水通过管道收集进入集水池后，由水泵抽入组合式复合生物滤池进行处理，生物膜中的微生物能够吸附、分解水中有机污染物，再经过草坪下的高通量人工湿地，最后出来的就是透明、无异味的清水。

因为投资省、占地小，与传统的生化处理工艺相比，生物滤池技术处理每吨污水工程费可节省 1/3 以上，而且能耗低。曹家浜污水处理站每天可处理污水 $60m^3$，投资不到 40 万元，设计使用寿命为 20 年以上，每吨污水处理能耗仅 0.1kW·h。

上海市青浦区、南汇区、崇明县甚至上海之外的张家界景区、宁湘市以及常德一家公司也都建起了依托交大“滤池技术”的污水净化站。

3.1.4 集中型污水处理厌氧—好氧工艺

厌氧—好氧工艺法即 A/O 工艺法，A（Anacrobic）是厌氧段，用于脱氮除磷；O（Oxic）是好氧段，用于去除水中的有机物。A/O工艺于20世纪80年代初开发，是目前广泛采用的污水生物脱氮工艺之一，它的最大优点是可以充分利用原水中的有机碳源进行反硝化，能有效地去除BOD和含氮化合物。而A^2/O工艺是在A/O工艺基础上增设厌氧区而具有脱氮和除磷能力的新型污水处理工艺，它能够在去除有机物的同时去除氮和磷营养物质。对于那些已建的无生物脱氮功能的传统活性污泥法污水处理厂经过适当改造，很容易改造成为具有脱氮能力的A/O工艺或者具有脱氮和除磷能力的A^2/O工艺。

1. 工艺类型

A/O工艺，即缺氧—好氧污水处理工艺，该工艺具有适应能力强，耐冲击负荷，高容积负荷，不产生污泥膨胀，排泥量少，脱氮效果较好等特点，特别适合于中小型污水处理站选用。A/O工艺由缺氧池和好氧池串联而成，在去除有机物的同时可以取得良好的脱氮效果。该工艺的显著特点是将脱氮池设置在除碳过程的前部，即：先将污水引入缺氧池，回流污泥中的反硝化菌利用原污水中的有机物作为碳源，将回流混合液中的大量硝态氮（NO_x-N）还原成N，从而达到脱氮的目的；污水接着进入好氧池，大部分有机物在此得到消化降解，好氧池后设置二沉池，部分沉淀污泥回流至缺氧池，以提供充足的微生物，同时将好氧池内混合液回流至缺氧池，以保证缺氧池有足够的硝酸盐。工艺流程如图3-14所示。

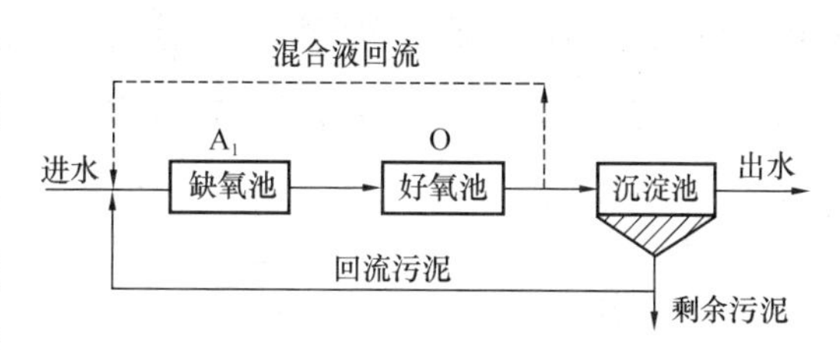

图3-14 A/O工艺流程图

2. 作用原理

农村部分食品加工或餐饮废水有机物浓度高，具有较好的可生化性，但生物处理时单纯利用厌氧或好氧工艺有时很难达到理想的效果，因为单独利用好氧处理高浓度废水，必将耗能大且效果甚微；单独利用厌氧处理，中间产物多，且出水氨氮和磷酸盐指标难以达标。为此，利用厌氧微生物为获得生命活动能量而大量降解有机物的特点和好氧微生物将有机物彻底无机化的功能，将厌氧和好氧过程相结合。在缺氧池中微生物将污水中的硝酸盐氮和亚硝酸盐氮还原成气态氮逸出，同时将难降解大分子有机物分解为小分子易降解物质，具有脱氮、水解和降解部分有机物的作用；在好氧池中，大部分有机物被微生物处理，并进入二沉池进行泥水分离，经消毒后排出。A/O工艺在脱氮的同时降解有机物，使需氧量大大减少，是节能型的生物处理技术。因此应用厌氧—好氧工艺处理农村高浓度生活污水与传统活性污泥法相比可明显降低能耗，降低成本。另外，厌氧工艺中还可以产生沼气，作为清洁能源，供农民使用。

3. 厌氧—好氧工艺成功应用案例介绍

（1）湖南农业大学农业环保研究所的吴根义、陈亮等人研究了两相厌氧一好氧工艺处理奶牛场养殖废水的处理效果，文中指出：该工艺对奶牛场废水处理效果好，运行稳定，大幅度削减了废水中的有机物含量，处理出水的 COD_{Cr}、BOD_5、NH_3-N 等指标均能达到《畜禽养殖业污染物排放标准》GB 18596—2001 的要求。

奶牛场养殖废水属于难处理高浓度有机废水，污水直接排放，将造成大量有害废水流入水体，导致养殖场周围水体发黑、发臭，毒害附近农作物。两相厌氧技术适于处理高浓度、难降解的工业废水，具有运行稳定、有机物去除率高等特点。其工艺流程见图 3-15。

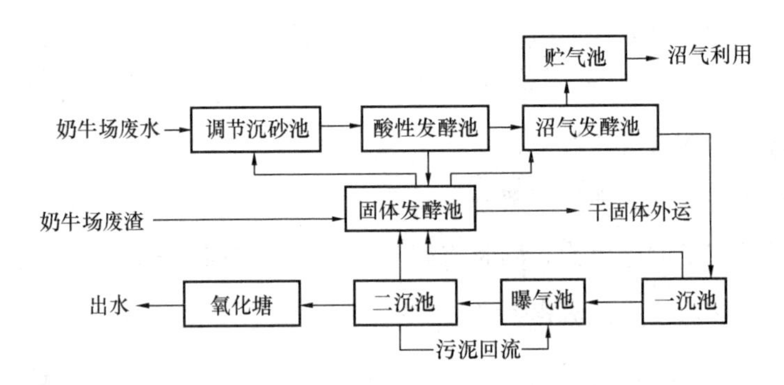

图 3-15　奶牛场养殖场废水好氧—厌氧工艺流程

干清粪工艺将固体废渣送入固体发酵池进行储存和厌氧发酵产生沼气，减少体积；渗滤液导入调节沉砂池。因为奶牛场废水排放规律和工作时间联系大。冲栏时间水量较大，而其余时间废水排放量相对较小，所以设置调节沉砂池以均匀水质水量。该池主要用于除去水中较重无机物，减轻发酵池负荷，避免无机物沉积于发酵池占据有效发酵空间，同时也可减少发酵池沉渣清理频率。初沉池出水经提升泵进入酸性发酵池，一方面可使废水混合均匀，保证厌氧消化池的均质进水；另一方面在产酸菌的作用下，可使废水中的有机大分子和难生物降解的有机污染物质转化为易生物降解的小分子物质，从而极大地提高沼气发酵池的产气效率。沼气发酵池是该工程的关键部分，其结构和工艺决定着整个工程的成败。

通过广泛地收集资料，结合实地考察，并在实验室进行了相关实验研究，结合该奶牛养殖场具体实际情况，以设计投资省、运行可靠、效率高为原则，采用了全混合上流式污泥床发酵工艺。为了稳定冬春两季产气，提高产气率，减少沼气发酵池的死体积，设计回流发酵液的方式使反应器得到搅拌。一沉池将沼气发酵池排出的沼液进行固、液的初次分离，沉渣定期排入固体发酵池进行干化和厌氧发酵。好氧部分采用全混活性污泥法，主要利用好氧、兼性微生物在机械充氧作用下分解水中有机物，前后分作 4 个单池，推流前进，通过调控各池的溶解氧浓度而达到脱氮除磷的目的。好氧出水进入一沉池进行泥水分离。池内设有污泥回流泵，将活性污泥回流至曝气池。另设置废污泥泵，将剩余污泥排出。

该工程总投资为 90 万元，其中土建费用为 50 万元，设备投资为 40 万元。运行费用为 1.32 元/m^3。

奶牛场养殖废水经两相厌氧后再利用好氧曝气处理，处理效果好，设备投资低。再设置氧化塘强化出水水质，总 COD_{Cr}去除率达到 98%，BOD_5去除率超过 98%，氨氮去除率 97%，出水各指标完全能够满足排放标准要求。该工艺简单、能耗低，且能回收沼气。从运行实践来看，该工艺具有较好的抗冲击负荷能力，出水稳定。对相似规模的养殖场废水治理工程有一定的参考价值。

（2）邳州市环境保护局的金辉和徐州工业职业技术学院的曾惠琴的厌氧—好氧生化处理淀粉废水的工程应用也是一个厌氧—好氧工艺的成功案例。该项目针对淀粉行业所产生的高浓度废水，采用厌氧—好氧生化处理工艺处理效果较好，处理设施运行基本稳定，能够达到设计要求。

该厂污水主要产生于淀粉生产过程中的工艺废水及车间冲洗废水，其水温为 25℃～35℃，COD_{Cr}在 3800mg/L 左右，pH 为 4～5，SS 在 250mg/L 左右，属较高浓度的有机废水。该厂每天使用新鲜水约 200m^3，除各种产品烘干、蒸发带走部分水分外，锅炉除尘灰渣吸收也耗用一部分水，每天实际排放废水约为 150m^3。污水处理工艺流程如图 3-16 所示：

废水经调节、厌氧、沉淀、曝气和接触氧化、一次氧化等工序处理后，达到

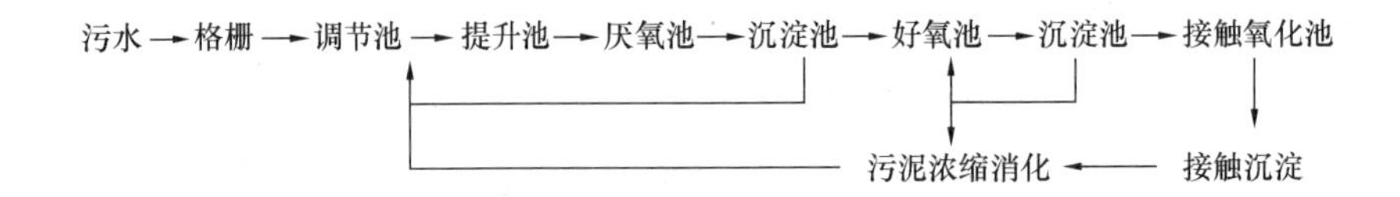

图 3-16 淀粉生产车间废水好氧—厌氧工艺流程

国家排放标准，并且具有明显的环境、经济和社会效益。处理前废水 COD_{Cr} 含量为 4000mg/L，经处理后的排水为 55mg/L，削减 COD_{Cr} 的排放量 178t/a，环境效益显著。未上废水设施时，废水直排燕子河，造成河水严重污染，周围群众反映强烈；上了污水处理设施，且运行正常，出水达标，对环境不再造成危害，提升了企业形象，改善了场群关系。由于厌氧环节能够产生可利用的能源——沼气，使实际处理废水的成本大大降低，处理 1t 废水的最终费用仅为 1.2 元，经济上可行。

3.1.5 人工湿地处理技术

人工湿地是通过模拟自然湿地的结构和功能，选择一定的地理位置与地形，根据人们的需要人为设计与建造的湿地。在构筑物底部按一定的坡度填充选定级配的填料（如碎石、砂子、沸石等），池底坡降及填料表面坡降受水力坡降及填料级配的影响，一般选值范围为 1%～8%。在填料表层土壤中，种植一些处理性能好，成活率高，生长周期长，美观及具有经济价值的水生植物（如芦苇、美人蕉）。

用作污水处理的人工湿地是一种新兴的废水处理技术，它主要是由耐污染的植物与不同粒径的砂砾组成的基质所共同构成的人工生态系统，系统内还含有大量微生物、藻类和微小动物。进入系统的污染物在微生物作用下，发生厌氧或好氧反应，从而消除或降低污染物毒性。同时，水生植物还可吸收部分 N、P 和重金属物质，很多微小动物也能协助植物与微生物去除水体中的污染物。

目前国内人工湿地的应用已具有一定规模的如深圳石岩 1.5 万 m^3/d 处理量的人工湿地，占地 2.4 万 m^2，总投资 800 万元，运行成本 0.18 元/t（自动投放水），水力停留时间 12h。其工艺流程：粗格栅→细格栅→强化酸化水解池（设弹性填料）停留 4.5h→人工湿地（负荷 $0.625m^3/(m^2 \cdot d)$）。

广东汕头龙珠水质净化厂 900m^3/d 处理量的人工湿地，占地 0.2 万 m^2，总投资 60 万元，运行成本 0.05 元/t。其工艺流程：格栅→格网→沉淀调节池→（提升）人工湿地（设计负荷 0.5m^3/（m^2·d））→氧化塘（200m^2）→水体。

赤峰宁城 1000m^3/d 的人工湿地在冬季－29℃下亦运行良好。人工湿地处理生活污水具有效果好、投资省，运行费低等优点。但也存在着占地较大，冬天处理效果受一定影响的问题。

1. 人工湿地的类型和特点

人工湿地根据湿地中主要植物形式可以分为：浮生植物系统、挺水植物系统和沉水植物系统。人工湿地系统根据水流的形式可建成自由表面流湿地、潜流人工湿地和垂直流人工湿地。

（1）自由表面流湿地。它与自然湿地极为相似，如图 3-17 所示，污水以较慢的速度流过，绝大部分有机物的去除是由生长在水下的植物茎、杆上的生物膜来完成的。湿地中的氧主要是源于水面扩散、植物根系的传输和植物的光合作用。它的优点在于投资少、操作简单、运行费用低。但其缺点是负荷小、处理效果差，且系统的运行受气候影响较大，冬季寒冷地区表层易结冰，夏季有孳生蚊蝇、产生臭味的现象。

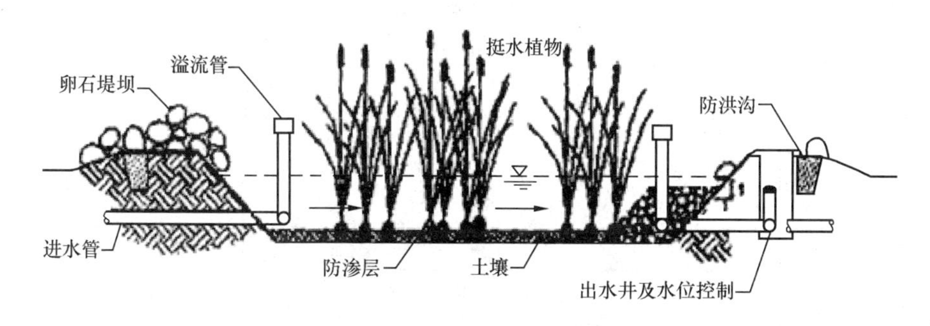

图 3-17 表面流人工湿地构造示意图

（2）潜流人工湿地。如图 3-18 所示，潜流湿地是目前较多采用的人工湿地类型。在潜流湿地系统中，污水从一端水平流过填料床中的填料，在湿地床的内部流动，一方面可以充分利用填料表面生长的生物膜、丰富的根系及表层土和填料截流等的作用，以提高其处理效果和处理能力，氧主要源于植物根系的传输；另一方面由于水流在地表以下流动，具有保温性能好，处理效果受气候影响小，卫生条件较好，很少有恶臭和孳生蚊蝇的现象的特点。其优点是水力负荷与污染负荷较大，对 BOD、COD、SS 及重金属等处理效果好；这种工艺利用了植物根系的输氧作用，对有机物和重金属等去除效果好，但控制相对复杂，脱氮除磷效果欠佳。

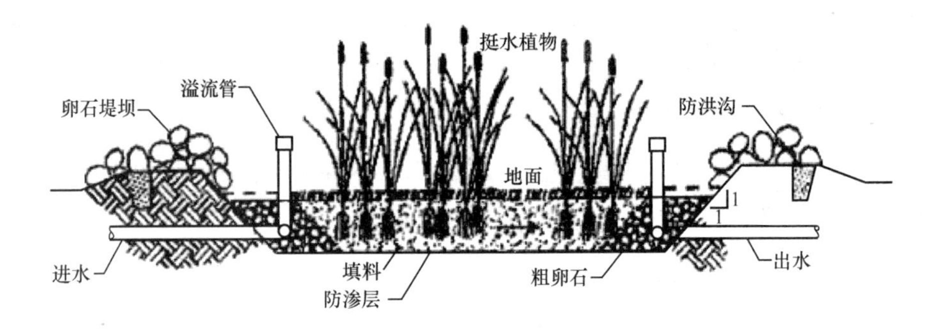

图 3-18 潜流人工湿地构造示意图

（3）垂直流人工湿地。垂直流人工湿地综合了表面流湿地和潜流湿地的水流状况特点，污水从湿地表面纵向流入填料床底，如图 3-19 所示，床体处于不饱和状态，氧通过大气扩散与植物根系传输进入湿地，硝化能力强，适于处理氨氮含量高的污水。但处理有机物能力欠佳，控制复杂，落干/淹水时间长，夏季易

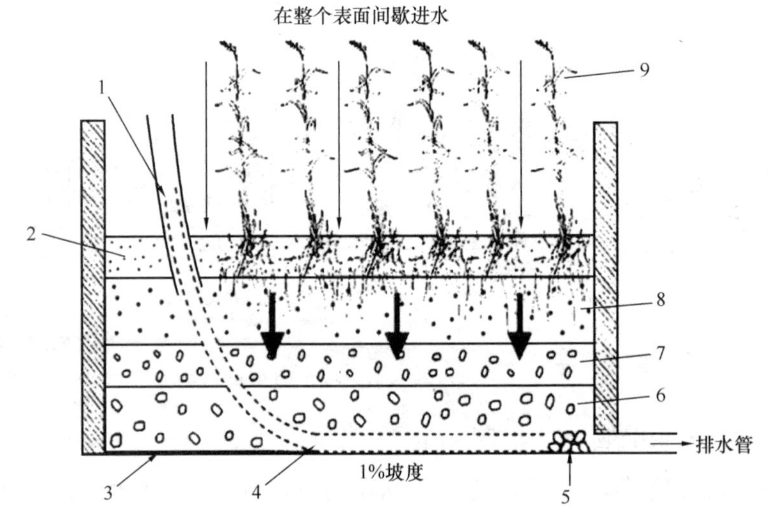

图 3-19 垂直流人工湿地构造示意图

1—穿孔管；2—粗砂；3—LDPE 衬层；4—充氧与排水管；5—大块石；
6—30～60mm 卵石；7—10～30mm 砾石；8—≤6mm 砾石；9—水生植物

孳生蚊蝇。垂直流湿地系统因其建造要求较高，至今尚未广泛使用。

2. 人工湿地的净化机理

人工湿地对废水的净化综合了物理、化学和生物三种作用。湿地系统成熟后，填料表面和植物根系中生长大量微生物形成生物膜，废水流经时，SS被填料及植物根系阻挡截留，有机质通过生物膜的吸附、同化及异化作用而得以去除。湿地床中因植物根系对氧的释放，使其周围的微环境中依次呈现好氧、缺氧、厌氧状态，保证了废水中氮、磷等被植物、微生物作为营养成分直接吸收外，还可以通过硝化、反硝化作用从废水中去除，最终通过基质的定期更换或以收割植物的形式从系统中去除。

（1）对有机物的去除

人工湿地的显著特点之一是对有机物有较强的处理能力。不溶性有机物通过湿地的沉淀、过滤等作用可以很快被截留而被微生物利用。可溶性有机物则通过植物根系的生物膜的吸附、吸收及生物代谢降解过程而被分解去除。一般人工湿地对BOD的去除率在85％～90％，对COD_{Cr}的去除率可达80％以上。废水中大部分有机物最终被微生物转化为微生物体内细胞物质及CO_2和H_2O，新生的有机体最终通过基质的定期更换而从人工湿地系统去除。

（2）对氮的去除

人工湿地对氮的去除主要依靠微生物的氨化、硝化、反硝化等作用完成。湿地植物虽然吸收一部分无机氮作为自身的营养成分，用于合成植物蛋白等有机氮，进而通过植物的收割而去除；但这一部分仅占总氮量的8％～16％，因而不是脱氮的主要过程。

由于湿地植物根毛的输氧作用及传递特性，使系统呈现连续的好氧、缺氧、厌氧状态，相当于许多串联或并联的A/A/O处理单元，使得硝化作用和反硝化作用可以在湿地系统中同时进行。资料表明：人工湿地的总氮去除率可大于60％。

（3）对磷的去除

湿地对磷亦有很好的去除效果，理论上人工湿地对磷的去除是植物吸收、基质的吸附过滤和微生物转化三者的共同作用，但最主要的是基质对磷的吸附和沉淀作用。部分研究发现：人工湿地植物根区磷酸酶活性与TP的去除率相关性不是十分显著。也有研究表明湿地生态系统中的磷主要被截留在土壤中，而在植物体内和落叶中很少，而且仅有少数的水生植物可以吸收磷，如棒灯心草（Schoenoplec-tusvalidus）、凤眼莲（Eichhornia crassipes solems）等，大多数种类植物的根部对磷的吸收能力较弱，所以植物和微生物对磷的去除起的作用不大，不是除磷的主要过程。

在湿地系统中，起主要脱磷作用的应该是土壤的吸附与沉淀作用。一些研究发现：土壤吸附与沉淀作用去除的 TP 可高达总去除量的 90%以上。

3. 人工湿地在农村生活污水处理中的应用

人工湿地的特点是：出水水质好，具有较强的氮磷处理能力，运行维护方便，管理简单，投资及运行费用低。据有关资料显示，人工湿地投资和运行费用仅占传统二级生化处理技术的 10%～50%，比较适合于资金少、能源短缺和技术人才缺乏的中小城镇和乡村。农村生活污水的排放较分散，不利于集中治理。可因地制宜地选择不同类型和规模的人工湿地对其进行净化。在村庄附近有一定坡地的农村，可考虑采用表面流湿地或潜流湿地来处理生活污水；若村庄周围有低洼地带，且用地比较紧张，可采用垂直流湿地处理生活污水。综合我国有关人工湿地处理农村生活污水的研究和工程实践，可推算出人工湿地处理农村生活污水典型水力负荷如表 3-2 所示。

典型村庄人工湿地工程估算（安全系数取 1.5）　　表 3-2

村庄人口（人）	污水量（m^3/d）	占地面积（m^2）
500	27.2	454
2000	108.8	1816

另外人工湿地还具有十分显著的经济生态效益：此工艺不需建设居住区外的排水管道，投资省；人工湿地可以分建或合建，利用河塘边坡、绿化地，不占或少占田地；人工湿地可与小区绿化有机结合，栽种观赏植物，成为小区的一个景观，可谓一举多得。人工湿地净化出水水质优于《城镇污水处理厂污染物排放标准》GB 18918—2002 的Ⅱ级标准，可直接排入环境水体中，也可作小区景观水体的补充水，或用作农灌，在缺水地区是水资源循环利用的有效措施。污水处理过程中如地形允许，可利用水位差，无须动力提升，故无运行能耗，只需少量定期维护管理的人工费。在鄂州市百里长港示范区磨刀矶村等地，人工湿地已经成

为农村新景观。通过对生活污水进行处理，农村脏、乱、差现象大为改观，农村居民的生产、生活环境质量得到改善和提高。

3.1.6 土壤渗滤技术

土壤渗滤处理系统是一种人工强化的污水生态工程处理技术，它充分利用在地表下面的土壤中栖息的土壤动物、土壤微生物、植物根系以及土壤所具有的物理、化学特性将污水净化，属于小型的污水土地处理系统。目前，地下土壤渗滤法在我国日益受到重视。中科院沈阳应用生态所“八五”、“九五”期间的研究表明，在我国北方寒冷地区利用地下土壤渗滤法处理生活污水是可行的，且出水能够作为中水回用；1992 年北京市环境保护科学研究院对地下土壤毛管渗滤法处理生活污水的净化效果和绿地利用进行了研究；清华大学在 2000 年国家科技部重大专项中，首先在农村地区推广应用地下土壤渗滤系统，取得了良好效果：对生活污水中的有机物和氮、磷等均具有较高的去除率和稳定性，COD_{Cr}、BOD_5、NH_3-N 和 TP 的去除率分别大于 80%、90%、90%和 98%。除此以外，浙江、广东、天津和江苏等地还分别在无动力、地埋式厌氧处理系统、雨污分离管网输送集中处理和生物投菌治理污水等技术方式应用方面进行了探索与尝试，也都取得了一定的进展。

一般土地渗滤系统主要由排水系统、渗滤系统和集水系统组成，如图 3-20 所示。

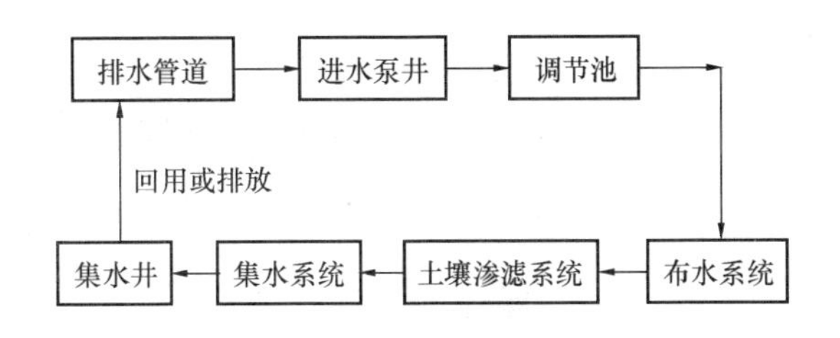

图 3-20 土地渗滤系统工艺流程

一般土地渗滤系统的结构由上至下依次有草皮、黏土、布水管、活性填料、集水管、卵石层和防渗层，如图 3-21 所示。

1. 土壤渗滤系统的类型及基本结构

地下土壤渗滤工艺类型多种多样，主要可分为三种基本的类型。

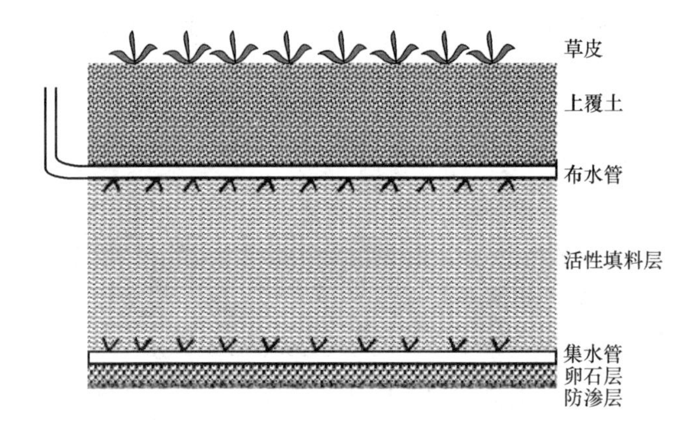

图 3-21　一般土壤渗滤系统结构示意图

（1）标准的地下土壤渗滤沟工艺。该工艺采用标准构造的土壤渗滤沟（图 3-22），有单管和多管之分，一般间歇运行，美国和俄罗斯多采用此种工艺。该工艺中，布水管距地表以下 30cm 左右，四周铺满砾石，砾石层底部宽常为 50～70cm，其下铺有 20cm 的砂层。污水经预处理去除悬浮物后流入布水管，缓慢通过布水管周围的砾石和砂层，在土壤毛管作用下向附近土层扩散，污水中的污染物被过滤、吸附和降解。标准地下土壤渗滤沟工艺的处理过程与慢速渗滤处理工艺非常类似。水力负荷是保证地下土壤渗滤沟正常运行的重要因素，常通过土柱试验测得土壤渗滤速率与水力负荷的相关关系，以此确定适宜的渗滤沟水力负荷。

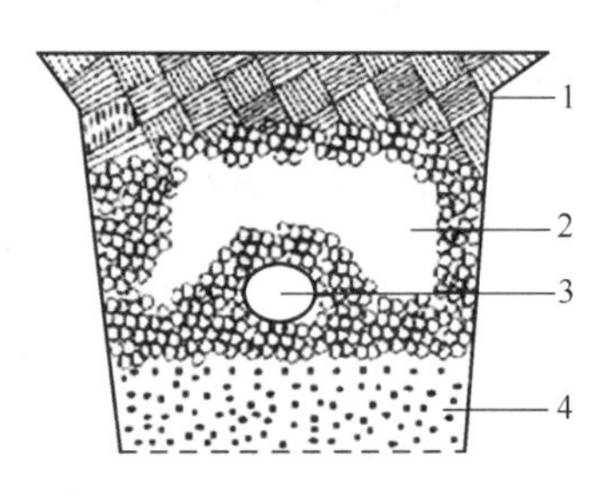

图 3-22　标准构造的土壤渗滤沟示意图

1—黏土；2—砾石；3—穿孔管；4—粗砂

（2）地下土壤毛管渗滤沟工艺。在该工艺中采用的渗滤沟为毛管浸润型，是由日本学者新见正开发的，分普通型（图 3-23）和强化型（图 3-24）两种。该工艺与标准地下土壤渗滤沟工艺所不同的是布水管下方有一由防水材料（如聚乙烯薄膜或合成树脂膜）制成的不透水槽，其作用是防止污水直接下渗入土壤，避免污染地下水。强化型毛管渗滤沟的构造在普通型的基础上另增有毛管强化垫层，它高出进水管向两侧铺展外垂，由于这种设计，污水在沟中的毛管浸润作用面积要比普通型的毛管浸润作用面积大为扩大，布水也更均匀，因而净化效果更好。土壤的毛管浸润作用是地下土壤毛管渗滤沟的主要特征。经常保持土壤的毛管浸润状态，使土壤颗粒间保持一定的空隙，防止堵塞，并维持其通气状态，这是地下土壤毛管渗滤沟正常运行的必要条件。该工艺的水力负荷通常为 30～40L/（m·d）。

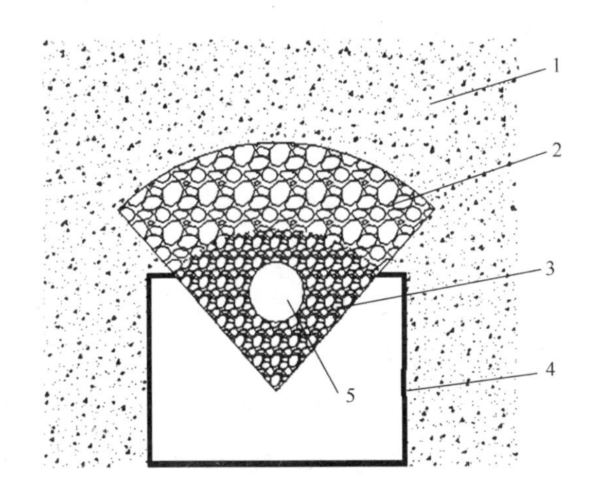

图 3-23　普通型毛管浸润土壤渗滤沟示意图

1—透气黏土；2—粗砾石；3—细砾石；4—防渗膜；5—穿孔管

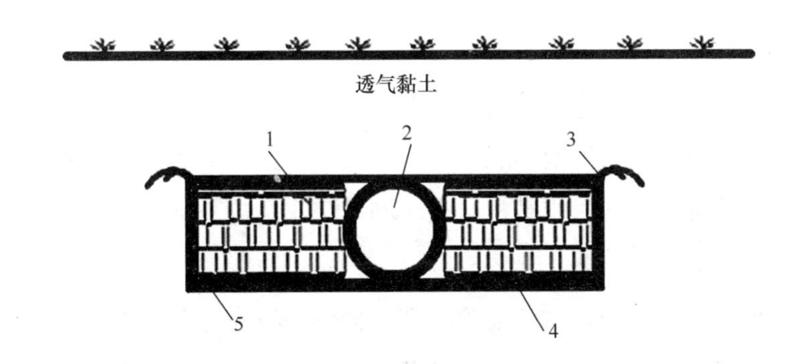

图 3-24　强化型毛管浸润土壤渗滤沟示意图

1—玻璃网丝；2—穿孔管；3—无纺布隔层；4—防渗膜；5—特殊树脂制成的网状底垫

（3）复合工艺

单纯的地下土壤渗滤沟存在水力负荷偏低，占地较大，总 N 去除率不高等不足。为克服这些缺点，各国相继开发了多种复合工艺，如土壤式沉淀池、厌氧消化—沉淀—土壤渗滤一元化构筑物、接触曝气—毛管渗滤土壤净化复合式处理系统、土壤式污泥浓缩池等。这类复合工艺的特点是在保留渗滤沟天然净化功能的基础上，将人工净化和天然净化巧妙地糅合在一起。复合工艺中不同的工艺形式之间互补不足，从而提高了净化效率，又不占地。目前最常见的复合工艺形式是接触曝气—毛管渗滤土壤净化复合处理工艺，该工艺维护管理简便，费用低廉，BOD_5和SS的去除率可达85%～98%，总磷去除率达90%，总氮去除率约40%。

2. 土壤渗滤系统的净化机理

在地下土壤渗滤处理系统中，大多数污染物的去除主要发生在地表下30～50cm处具有良好结构的土层中，该层土壤由于处于非饱和带，土壤颗粒间保持有一定的空隙，通气性良好，其内生长着大量的细菌、真菌、霉菌、酵母、原生动物、后生动物甚至蚯蚓及植物等。污水中的污染物被土壤吸附，在土壤微生物的作用下被降解，土壤中的原生动物及后生动物又以微生物为食，植物的根系则吸收污水矿化而产生的N、P以供其生长所需的营养，植物的根系能为土壤微生物提供养分，土壤微生物反过来也促进了植物根系的发育，从而促进了植物的生长。因此土壤渗滤沟实质上是一个土壤—微生物—植物生态系统，污染物就是在该生态系统复杂而又相互联系和制约的作用下被去除的。其净化过程十分复杂，综合了物理、化学和生物等多种机理。

地下土壤渗滤系统去除悬浮物十分有效，主要去除机理为过滤。

地下土壤渗滤系统去除有机污染物（BOD_5）极为有效，其净化机制包括过滤、吸附及生物降解。通过交替进行灌水和休灌，保持表层土壤好氧状态，有利于有机污染物的去除。

地下土壤渗滤系统中，磷的去除机理包括作物吸收、土壤微生物的生物同化和土壤化学固磷。渗滤沟中，磷绝大部分是通过土壤化学固磷作用而被去除的。土壤固磷与土壤所含的Al、Fe和Ca等物质的数量以及土壤的pH值和氧化还原状态（Eh）等有关。土壤中Al、Fe和Ca等矿物质含量多，在还原条件和较高的pH情况下有利于土壤固磷。

地下土壤渗滤系统中，氮的脱除机理包括作物吸收和微生物脱氮。微生物脱氮分为三个相互关联的过程。①氨化过程，即在微生物作用下将污水中的有机氮转化为NH_3-N。②硝化过程，即将氨化过程产生的氨转化为NO_3^--N。③反硝化过程，即将 NO_3^--N 转化为氮气（N_2）或氧化亚氮（N_2O）。植物同化吸收利用氮是地下土壤渗滤系统脱氮的一个重要途径。NO_3^--N 是植物吸收利用土壤中氮的主要形式，不同植物、同一植物不同器官吸收利用 NO_3^--N 的量均有不同。

污水中的病原体（包括细菌和病毒）在地下土壤渗滤系统中主要通过吸附、过滤、干燥、太阳辐射和生物吞噬等作用而被去除。

3. 工艺类型

工艺类型对地下土壤渗滤系统性能的影响很大，主要因为渗滤沟中的微生物种类和数量取决于系统的工艺形式。一个典型的地下土壤渗滤沟工艺包括预处理系统、收集输送系统、土壤渗滤沟、监测系统四个主要组成部分（图 3-25）。常规的预处理系统是化粪池、简易沉淀池，主要是为去除污水中的悬浮物，以防渗滤沟被堵塞，此外还可去除少量有机物，并转化 N 的形态。随着各国对出水水质的要求越来越严，地下土壤渗滤工艺对预处理系统的要求也越来越高，预处理系统不仅作为地下土壤渗滤系统的前期预处理，而且承担一定的污染物去除功能，更多的是和地下土壤渗滤系统互补不足，共同完成污染物的降解。目前，可与地下渗滤沟搭配的预处理工艺类型有许多，见表 3-3。

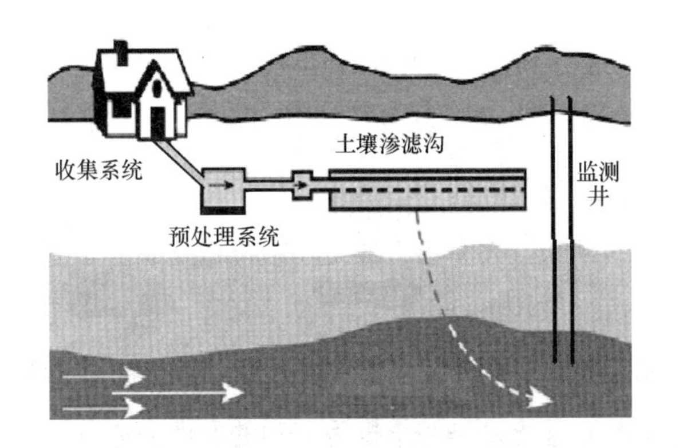

图 3-25 典型地下土壤渗滤沟工作示意图

地下土壤渗滤系统的预处理类型 **表 3-3**

处理污水类型	预处理类型	去除污染物种类
生活杂排水*	腐化池；沉淀池；简易过滤池	有机物、P
生活杂排水	水解酸化池；厌氧滤池；生物接触曝气池	有机物、P
净化水；生活废水	生物接触氧化池；活性污泥曝气池；生物转盘	有机物、P

续表

处理污水类型	预处理类型	去除污染物种类
粪尿净化水；生活废水	厌氧滤池＋生物接触氧化池	有机物、P
粪尿净化水；生活废水	厌氧滤池＋好氧滤池	有机物、N、P
粪尿净化水；生活废水	厌氧与好氧活性污泥法； 序批式活性污泥法	有机物、N、P

注：*生活杂排水指无粪尿废水在内的生活污水，生活废水既包括生活杂排水又包括粪尿废水。

4．土壤渗滤系统的生态经济效益

土地渗滤系统利用土壤—微生物—动物—植物等构成的生态系统自我调控机制和对污染物的综合净化功能，吸附、微生物降解、硝化反硝化、过滤、吸收、氧化还原等多种作用过程同时起作用，实现污水资源化与无害化。由于土地渗滤系统的设施均埋入地下，所以工程量相对其他土地处理系统较大，但它可以省去集中处理、排放的管道，相对而言该工艺技术简便、基建投资低（为传统二级处理系统的1/3～1/2）、能耗少（一般不需运行费用或费用低）、不受外界气温影响、无臭味、不滋生蚊蝇等优点，而且净化效率高，可有效去除N、P等有机物，提供绿化水源，总的投资效果还是经济的。作为解决水污染和污水回用问题的一种有效的手段，它尤其适用于农村和城市独立社区的生活污水的处理。

因此，在美国将土地渗滤系统列为可供选择的革新替代技术（I/A技术），其目标是替代三级污水处理。约有36％的农村及零星分布的家庭住宅采用了土地处理系统处理家庭排水，大型的土地处理系统也建有上千座；在瑞典、芬兰和挪威等北欧国家，约有100多万个散居住户采用了土地处理系统处理生活污水。在日本，土地渗滤系统也占有25％市场。因此，对于我国广大农村、村镇生活污水的处理，土壤渗滤系统将是一个极为有利的发展方向。

3.2　污水分散处理系统

由于分散式生活污水主要有排放分散、量小且变化量大的特点，因此在选择处理技术时应充分考虑到以下几个方面：①处理工艺运行稳定，应能够使污水稳定达标排放，出水可实现直接回用于生活杂用水或景观、灌溉用水；②技术的一次性投资建设费用相对较低，应在镇、乡、村的现有财政能力可承受范围之内；③运行费用少，不使用化学药剂、电耗低，设备的运行费用消耗必须与村镇地区居民承受能力匹配，在对当地村镇技术员进行培训后能使之正常运营和维护；④应结合当地的自然地理条件，如利用当地废塘、涂滩、废弃的土地同时注意节省占地面积，特别是不占用良田；⑤运行和管理较简单，设备对用户的操作水平要求不高，因此要求设备具有较高的自动控制水平，依托农村地区薄弱的技术和管理能力便能够进行处理设施的管理维护工作。因此，农村生活污水治理技术必须具备投资省、处理效率高、运行费用少、管理简单等特点。适合我国分散式生活污水处理的主要模式主要有以下几种。

3.2.1 土地处理技术

土地处理技术是一种以土地的自然生态净化为主的小规模污水处理生态工程技术。其原理是通过农田、林地、苇地等土壤—植物系统的生物、化学、物理等固定与降解作用，对污水中的污染物实现净化并对污水及氮、磷等资源加以利用。以土地处理为主的治理技术，因其运行成本低、操作运行简单、低能耗或无能耗、易于维护，目前在国内得到了广泛的关注。该技术对各种污染物有较高的去除效率，并可以实现污水处理与利用相结合的目的，因此很适合在农村地区使用。

1. 目前研究和应用比较多的污水土地处理工艺主要有土地渗滤处理系统和人工湿地处理系统，此外还有砂滤处理系统。

（1）土地渗滤处理系统

土地渗滤处理系统是综合利用土壤—填料—微生物—植物共同作用处理生活污水的复合净化工艺。该工艺适合在农村、城乡接合部、人口不太密集的地区和没有条件将其下水道系统与城市污水管网连接的地区推广使用。土地渗滤系统主要有慢速渗滤、快速渗滤和地下渗滤等处理模式。

1）慢速渗滤。慢速渗滤是土地处理污水技术中最广泛应用的一种类型。它具有易管理、经济效益显著的优点。在慢速渗滤中，处理场上通常种植作物。废水经布水后缓慢向下渗滤，借土壤微生物分解和作物吸收进行净化，其过程如图3-26所示。慢速渗滤适用于渗水性较好的砂质土和蒸发量小、气候湿润的地区。

由于水力负荷率比快速渗滤小得多，废水中的养料可被作物充分吸收利用，污染地下水的可能也很小，因而被认为是土地处理中最适宜的方法。由于其易与农业生产结合，工艺灵活，资金投入少，可适用于广大农村地区人口相对集中的排放生活污水的处理，另外还可因地制宜进行污水的林地慢速渗滤处理。

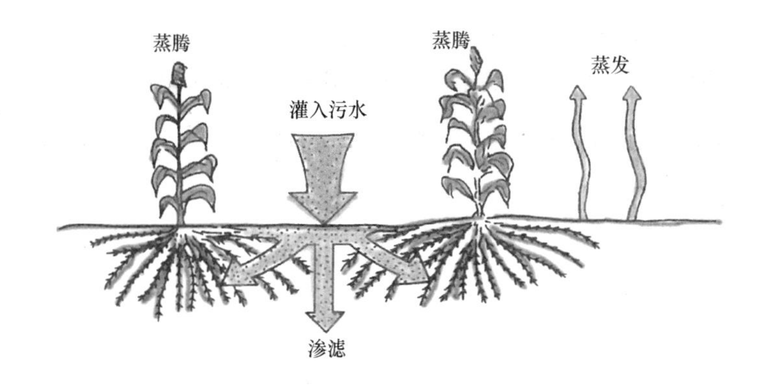

图 3-26　慢速渗滤系统工作示意图

有研究对传统慢速渗滤系统进行了改进，加大其水力负荷。试验结果表明，在大水力负荷的情况下，改进的污水慢速渗滤土地处理系统对污染物也有较好地去除效果，出水水质优良。除总氮外各指标浓度均满足《地表水环境质量标准》GB 3838—2002 要求。如 pH 值：试验过程中，灌溉污水的 pH 值平均为 8.27，经土地系统处理后，排出水 pH 值平均为 7.86，接近中性，符合环保部门所规定的Ⅱ级处理出水排放标准。

2）快速渗滤。污水快速渗滤土地处理系统简称 RI（Rapid Infiltration），是将污水有控制地投配到具有良好渗透性能的土地表面，在污水向下渗滤的过程中，在过滤、沉淀、氧化、还原以及生物氧化、硝化、反硝化等一系列的物理、化学及生物作用下，得到净化处理的一种污水土地处理工艺。在快速渗滤系统运行中，污水是周期性地向渗滤土地灌水和休灌，使表层土壤处于淹水/干燥，即厌氧、好氧交替运行状态，有利于氮、磷的去除。在休灌期，表层土壤处于好氧状态，微生物将发生好氧反应，分解被截留在土壤层的有机物。采用快速渗滤处理技术来净化农村生活污水，具有投资少、节省能源和材料、运行维护简单和净化效果稳定等优点。但在实际的工程应用中，快速渗滤处理技术可能会污染当地的地下水和地表水水源，对当地的水环境和土壤构成潜在威胁。

纪峰等通过对北京通州区小堡村生活污水快速渗滤处理系统的应用研究表明：采用土地处理工艺，具有运行费用低，管理维护方便等优点；生活污水经过土地处理后出水水质达到二级生化处理的水平，可灌溉农田、渔业养殖、回用于卫生设施的冲洗以及绿化；生活污水快速渗滤处理工艺较适合于农村地区。

3）地下土壤渗滤净化系统。地下土壤渗滤净化系统是一种基于自然生态原理，予以工程化、实用化而创造出的一种新型小规模污水净化工艺技术，是将污水有控制地投配到经一定构造、距地面约 50cm 深和具有良好扩散性能的土层中，投配污水缓慢通过布水管周围的碎石和砂层，在土壤毛管作用下向附近土层中扩散。表层土壤中有大量微生物，作物根区处于好氧状态，污水中的污染物质被过滤、吸附、降解，所以地下渗滤的处理过程非常类似于污水慢速渗滤处理过程。由于负荷低，停留时间长，水质净化效果非常好，而且稳定。地下土壤渗滤净化系统建设容易，维护管理简单，基建投资少，运行费用低。整个处理装置放在地下，不损害景观，不产生臭气。分散的几户或十几户人家适合采用地下土壤渗滤净化系统。

在上海市“万河整治”行动中，地下土壤渗滤系统作为农村生活污水处理的新技术，在闵行区进行了示范工程，取得了良好的环境效益和社会效益，为农村生活污水的处理提供了一条有效的途径。并且实验结果表明，随着土地处理系统面积的增大，出水的各个水质指标（COD_{Cr}、BOD_5、TP、NH_3-N）相应变好。

（2）家庭人工湿地组合系统（人工湿地处理系统）

家庭人工湿地组合系统是一种以基质、植物及微生物协同通过物理、化学和生物作用进行污水处理的新型生态系统，其具有投资少、建设运营成本低；净化效果好，去除 N、P 能力强；工艺简单、不占用地上面积等特点。将家庭人工湿地组合系统应用于农村分散式污水处理中，考察其对于农村家庭生活污水的净化处理效果，可发现其对总 P、NH_3-N、COD、TSS 等均具有很好的去除效率，证明了其是一种适合农村分散式家庭污水处理、解决农村污水肆意排放的新途径。

该系统（图 3-27）由地下二级沉淀池和柳树湿地床组成，系统内墙刷防水漆以防止污水泄漏。沉淀池与地下湿地床的污水组合处理，强化了地下柳树湿地床各污染物的高效去除。其中沉淀池不仅沉淀大颗粒物质和降低 SS 含量，同时

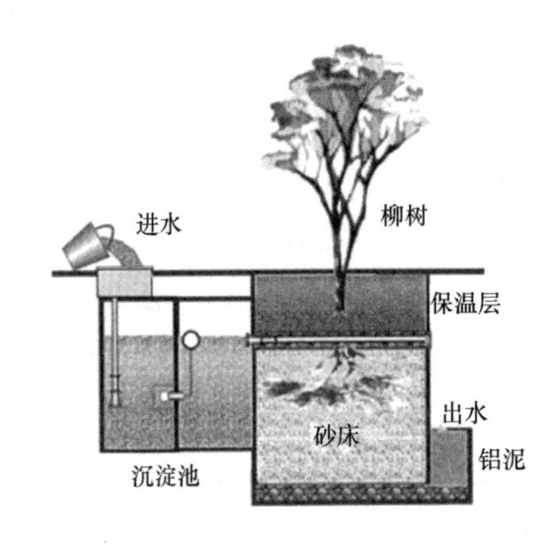

图 3-27 人工湿地工作示意图

还可以将大分子难降解的有机物水解成湿地床微生物易于降解的简单有机物，对系统高效去除污染物有重要作用。此系统中沉淀池对 COD、NH_3-N、TSS 和浊度去除的平均贡献率分别为 36.5%、24.4%、49.2%和 43.3%。而对于 TP 的去除则主要依靠基质的吸附沉淀，湿地床起主要作用，其平均贡献率为 82.6%。

各污染指标较好的去除效果为家庭人工湿地组合系统在农村的推广应用奠定基础，为解决农村污水肆意排放问题提供了一种新途径。

（3）生活污水的砂滤处理系统

地埋式砂滤系统（Buried Sand-Filter System，BSFS）保留了传统土地处理系统的优点，克服了其缺点，是一种崭新的污水土地处理技术。近十几年来，美国、法国、芬兰、丹麦、瑞士等国家对 BSFS 的研究取得了一系列突破性的进展，获得了丰富的实验资料，并相继建成了一些实用工程，其运行效果良好、水力负荷高、占地面积小、对地表环境影响小，被认为是一种简单、可靠、实用、低能耗、低花费、易操作的小型污水处理系统，是解决中小城市、城镇、农村等小流量生活污水的最适合、最可靠的途径。

地埋式砂滤系统是一种新的生活污水处理技术，主要由预处理单元、布水系统和砂滤三部分组成。其原理主要是通过包气带中的生物降解、吸附、沉淀、过滤等机理净化污水，在各种污染因子的去除机制中，微生物作用是主要的，生活污水中有机物的降解、氮的转化及部分磷的去除等都主要依靠微生物的作用来完成。这种砂滤系统是土地处理系统的一种，它在构建过程中一般采用沙子作为介质，让污水经过沙体渗滤排出系统，达到净化的目的。大量资料表明，地埋式砂滤系统不仅具有简单、可靠、低能耗、低建设费用、易操作等特点，而且其处理效果好、水力负荷高、占地面积小、对地表环境影响小等，是处理小流量生活污水的有效途径。它的净化机制与其他土地处理系统大致相同。出水的 SS、BOD_5、COD 一般可达 80%以上，总 N、总 P 去除率一般在

40%～80%，加强地埋式砂滤系统的研究和应用，对环境保护和污水资源化均有重大的现实意义。

图 3-28 砂滤系统应用效果图

2. 土地处理技术的系统效益分析

（1）净化水质的效益

污水土地处理后，可进一步降低 BOD、SS 含量，其中的 N、P、K 等各种营养元素也大量地被植物吸收利用、土壤胶体吸附，使污水进一步得到净化，减少江、河、湖、海的污染。

（2）经济效益

大量污水土地处理系统的研究和实践结果表明：土地处理系统不仅有较好的污染物去除率，还具有显著的经济效益。如在相同的出水水质条件下，美国密歇根州的密歇根县土地处理系统比沃伦高级污水土地处理系统投资虽然略高，但运行费仅为后者的 1/3，而总费用远低于后者。

（3）社会效益

土地处理系统净化后出水既可用于工业，作为冷却水（直流或循环式）、锅炉补给水、生产工艺供水、洗涤水或消防用水等，尤以冷却水为最普遍；又可回用于城市建设，作为娱乐用水、风景区用水、与水库水混合作为城市公共水源、城市饮用水、回灌地下水等。这样既可节约大量新鲜水，缓和工农业生产用水矛盾，又可大大减轻纳污水系受污染的程度，保护天然水资源，对解决我国西北、华北水资源危机有重大的现实意义。

3.2.2　生活污水净化沼气池处理技术

生活污水净化沼气池是采用厌氧发酵技术和兼性生物过滤技术相结合的方法，在厌氧和兼性厌氧的条件下将生活污水中的有机物分解转化成 CH_4、CO_2 和水，达到净化处理生活污水的目的。厌氧消化技术原理简单，原材料丰富，优点突出，经济效益显著。在我国农村生活污水处理的实践中，最通用、节俭、能够体现环境效益与社会效益结合的生活污水处理方式是厌氧沼气池。

1. 生活污水净化沼气池处理技术机理及工艺

生活污水净化沼气池将污水处理与其合理利用有机结合，实现了污水的资源化。污水中的大部分有机物经厌氧发酵后产生沼气，发酵后的污水被去除了大部分有机物，达到净化目的；产生的沼气可作为浴室和家庭用炊能源；厌氧发酵处理后的污水可用作浇灌用水和观赏用水。

其处理工艺为：生活污水→格栅池→前处理区［一级厌氧发酵、二级厌氧发酵（挂膜）］→后处理区（兼性生物滤池）→排放。

2. 生活污水沼气净化池的经济实用性

在农村有大量可以成为沼气利用的原材料：农作物秸秆和人畜粪便等。研究表明，农作物秸秆通过沼气发酵可以使其能量利用效率比直接燃烧提高 4～5 倍；沼液、沼渣作饲料可以使其营养物质和能量的利用率增加 20%；通过厌氧发酵过的粪便（沼液、沼渣），碳、磷、钾等营养成分没有损失，且转化为可直接利用的活性态养分——农田施用沼肥，可替代部分化肥。

生活污水沼气净化池在全国大部分地区得到了推广，它的优点是：不消耗动力、运行稳定、管理简便、剩余污泥少，还能回收能源（沼气），建在绿化或菜地下，不占地，投资为 700～900 元/户。浙江全省有 352 个村实施了生活净化沼气工程，累计建成沼气池 83.3 万 m^3，年处理生活污水 8170 万 t，年产沼气 4295 万 m^3，年可替代标准煤近 3 万 t。四川省结合新农村建设，开展“乡村清洁工程”，以户或联户为单元，建设沼气池和生活污水厌氧净化池，有效解决人畜粪便、生活污水、垃圾污染等农村环境难题，出现家园清洁和村容整洁的新面貌。

沼气池工艺简单，成本低（一户约需费用 1000 元左右），运行费用基本为

0，适合于农民家庭采用。而且，结合农村改厨、改厕和改圈，可将猪舍污水和生活污水在沼气池中进行厌氧发酵后作为农田肥料，沼液经管网收集后，集中净化，出水水质达到国家标准后排放。

生活污水净化沼气池的出水基本达到《城镇污水处理厂污染物排放标准》GB 18918—2002 的二级标准。如皋市如城镇庆余新村 B-05 号住宅楼净化沼气池，1999 年建成后投入使用，经一年运行后对其处理的水质进行监测。靖江市三江公司宿舍楼居住 630 人，生活污水采用净化沼气池处理，1997 年建成后投入使用，经过近三年的运行使用，对其出水水质进行监测。这两处净化沼气池运行至今，从监测数据看其处理效果都达到二级或优于二级排放标准，同时至今也未进行清渣，但没有发生堵塞，也未发生运行费。由此可以说明生活污水净化沼气处理技术，虽然存在一些缺陷，比如污水停留时间长，出水中部分指标未达排放标准等，但总体上技术是成熟的，通过进一步的技术改造其处理效果会更加好。

现在开发的一种新型的污水处理系统——分散型无能耗污水处理系统，又称厌氧净化沼气技术，它是在我国各类化粪池和沼气池的基础上，借鉴日本、德国等国和我国台湾处理生活污水的经验而开发成功的以分散方式处理生活污水的工艺。其工艺流程如图 3-29 所示。

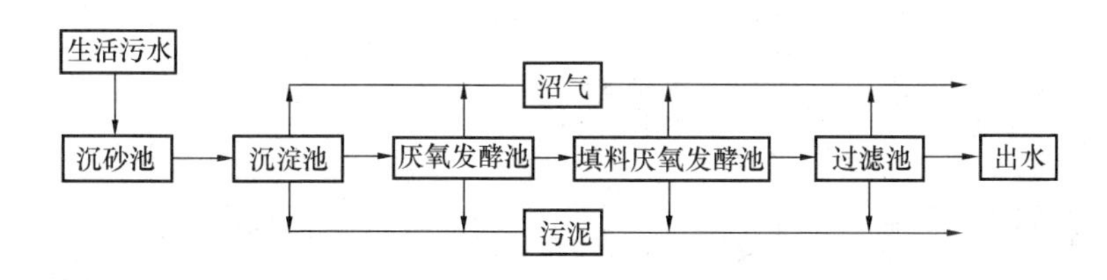

图 3-29 厌氧净化沼气技术工艺流程

厌氧净化沼气池根据现代居民的用水情况和污水水质特点，在装置内增设有多处水力缓冲设施，能在一定范围内适应生活污水水质、水量波动较大的特点。

3. 生活污水沼气净化池的环境效益

利用厌氧净化沼气池处理生活污水时，一般对 COD_{Cr} 和 BOD_5 的去除率能达到 74%～90% 和 80%～90%；经处理后排出的污水中寄生虫卵为（0.565～1.074）/100mL，粪便大肠杆菌值为 10^{-4}，无孑孓、蝇蛆孳生；出水色浅、呈微碱性，无臭、无异味，在很大程度上减少了污水直接排放对环境的危害。厌氧微生物的增殖速度比好氧微生物低很多，故在运转过程中被厌氧微生物分解得到的污泥量小：处理相同数量的废水时污泥产生量仅为好氧处理法的1/10～1/6，且剩余污泥脱水性好，浓缩时可不使用脱水剂，处理完后可将污泥回收作高效有机肥料。同时，厌氧净化沼气池处理污水时能获取少量沼气。

3.2.3　一体化污水处理装置系统

一体化地埋式污水处理系统是近两年来应用较多的小型污水处理工艺，该工艺以厌氧生物处理为主，后接兼性生物滤池，系统类似A^2/O工艺，主要由水解沉淀池、生物滤池和接触氧化槽组成。该工艺具有抗冲击性强、能耗低、活性污泥产量少、污水处理效果好等优点。但处理污水量不易过大，而且工程施工要求技术较高，反应器的材质有纤维玻璃钢、钢板和混凝土。反应器主体可埋置于地下，也可置于地上，随动性较大。反应器埋置地下，受低温天气影响较小，而且地表可绿化美化环境。乡镇居民居住相对集中，能产生一定规模的污水量，又可以集中使用污水处理资金，具备污水收集和集中处理的条件。为保证污水处理质量，应选用相对集中的污水处理方式，因此，地埋式无动力污水处理设施比较适合乡镇生活污水处理。

地埋式生活污水处理设备特点：(1) 埋设于地表以下，设备上面的地表可作为绿化或其他用地，不需要建房及采暖、保温。(2) 二级生物接触氧化处理工艺均采用推流式生物接触氧化，其处理效果优于完全混合式或二级串联完全混合式生物接触氧化池。并比活性污泥池体积小，对水质的适应性强，耐冲击负荷性能好，出水水质稳定，不会产生污泥膨胀。池中采用新型弹性立体填料，比表面积大，微生物易挂膜、脱膜，在同样有机物负荷条件下，对有机物去除率高，能提高空气中的氧在水中的溶解度。(3) 生化池采用生物接触氧化法，其填料的体积负荷比较低，微生物处于自身氧化阶段，产泥量少，仅需3个月（90天）以上排一次泥（用粪车抽吸或脱水成泥饼外运）。(4) 该地埋式生活污水处理设备的除臭方式除采用常规高空排气，另配有土壤脱臭措施。(5) 整个设备处理系统配有全自动电气控制系统和设备故障报警系统，运行安全可靠，平时一般不需要专人管理，只需适时地对设备进行维护和保养。

但是地埋式污水处理设备也具有一定的缺点：（1）不利于维修。设备出现故障后，不方便检修与更换。这通常是业主最烦恼的。（2）对环境适应性，冬天防冻、夏天防洪。北方需要埋入较深，并做保温处理。

地埋式污水处理设备适合条件：水量较小、处理设施规模适宜在 $500m^3/d$ 左右、污染物浓度小、成分不复杂、场地有限、需考虑周围环境美化因素等。通常以上几种情况下建议采用地埋式污水处理系统进行处理。地埋式无动力污水可按工艺流程要求因地制宜采用砖石砌筑处理池，建好调节池以减少对厌氧消化池的负荷冲击，滤池填料导流要通畅以提高生化效果，接触氧化池通风构造要保证供氧充足，还要配套建设污水管道以完成污水的收集。

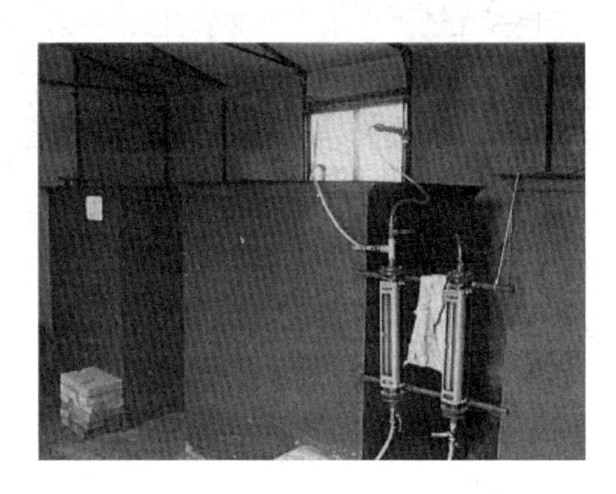

图 3-30 小型分散式生活污水一体化污水处理设备

1. 地埋式无动力污水处理装置

地埋式无动力污水处理装置采用初沉池＋厌氧污泥床接触池＋厌氧生物滤池工艺，基本处理工艺为厌氧消化、厌（兼）氧过滤和接触氧化，并将全套装置埋于地下，地埋式无动力污水处理设施以厌氧处理为主，利用厌氧菌对有机物的分解，净化污水。工艺过程简单，不耗能，无须专门管理，水力停留时间一般大于24h。工艺流程如图 3-31 所示。

污水经调节后进入厌氧消化池，经过发酵使沉降的有机污泥分解，厌氧消化池出水进入厌氧生物滤池，通过滤料表面和间隙中的厌氧生物膜和厌氧活性污泥继续分解污水中的有机物，出水再进入接触氧化池进行好氧分解，最后排入自然水体。地埋式无动力污水处理设施容积负荷率高，投资费用少，运行管理容易，

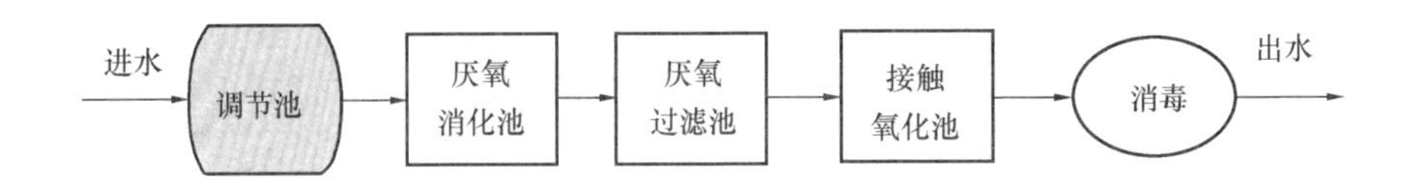

图 3-31　地埋式无动力污水处理工艺流程

基本无须能源消耗；如果在工艺设计中解决好负荷冲击和好氧段的供氧问题，则可取得良好的处理效果，各项指标接近甚至优于二级污水处理厂的出水指标，可直接排入Ⅲ类水体，其工程造价是一般化粪池的 1/4 倍，运行费用低廉，但占地略大。

有关工程实践，地埋式无动力污水处理装置处理每吨水的投资约 2000 元，与好氧生物处理相比，该技术设备的基建投资可能略高于好氧处理（在流量小于 100t/d 时，投资基本相等），但本设备无日常运行费用（包括电费和人工费等）的支出，2～5 年后，节约的运行费用可在一定程度上抵消基建投入，本技术设备的优势将得到充分体现。

目前本技术设备已成功应用于浙江省、重庆市、山东省、山西省、上海市等地的 400 多个农村生活污水及城市生活污水的处理，取得了令人满意的结果，各种污染物去除率为：COD_{Cr}50%～70%，BOD_5 50%～70%，NH_3-N10%～20%，磷酸盐 20%～25%，SS60%～70%，经处理后的生活污水出水均在《污水综合排放标准》GB 8978—1996 中一级或二级排放标准以下（以排放要求为准），并通过了环保部门的验收。需要注意的是由于地埋式无动力生活污水处理装置的工艺技术、制造水平以及运行条件要求较高，不同处理装置的处理效率存在较大的差异，在工程设计和应用中应根据不同的污水性质采用不同的技术参数进行专业化设计制造和安装。

佘银铃等就地埋式无动力污水处理技术在北方寒冷地区处理分散的生活污水效果进行了深入的研究，通过三个试点工程的运行后效果监测，取得了令人满意的效果，对减轻分散排放的生活污水对地表水体的污染具有积极的意义。

2. 地埋式微动力污水处理装置

根据村镇污水浓度低、排放量不稳定、伴有雨洪等特点，结合目前的新农村建设规划，开发出适合村镇污水特点的地埋式微动力净化槽技术。地埋式微动力污水处理装置由厌氧反应区、接触氧化区和沉淀区组成，其核心技术是生物接触氧化法，接触氧化区装有生物填料和水下曝气机，污水在生物膜上的微生物新陈代谢作用下去除污染物，装置内不需回流污泥，不产生污泥膨胀，耐冲击负荷较强，COD、BOD去除率高。地埋式净化槽主体结构均设置在地下，地表进行景观绿化，美化环境，且经特别设计后可实现全自动化操作，无人值守。通常建设净化槽的用地面积为 0.8m²/t，净化槽是无须专人管理的高效生活污水处理设施，还具有较好的脱氮除磷效果。净化槽中采用多孔复合填料以及专用高效微生物制剂，能有效减少剩余污泥的产生，除臭以后基本无异味。

该技术是将污水处理站的常用工艺进行优化，将污水处理系统集中化、小型化，以适应村镇污水处理的需要。地埋式净化槽通常采用较为成熟的生物处理工艺，污水进入净化槽进行沉淀、分离、生化处理、过滤后，最终达到标准排放。净化槽的一般处理流程如图 3-32 所示。

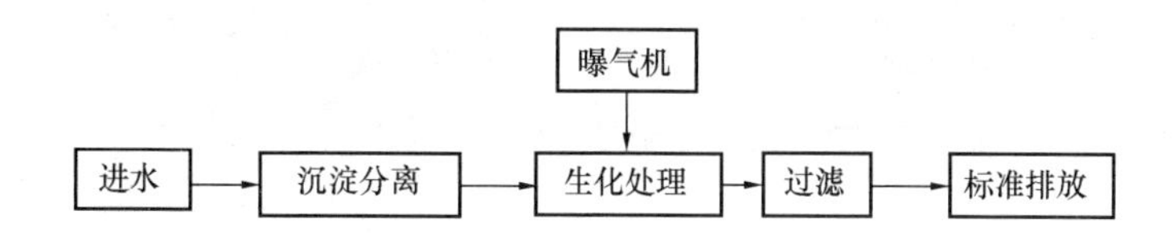

图 3-32 地埋式微动力污水处理工艺流程

根据不同的处理水质和环境要求也可以采用厌氧、缺氧、好氧（A^2/O）工艺，以取得良好的脱磷除氮效果。有关工程实践，微动力地埋式污水处理装置的吨水投资 2500～3500 元，运行费用 0.5～0.6 元/t，各种污染物去除率为：COD_{Cr}70%～80%，BOD_5 80%～85%，NH_3-N60%～70%，磷酸盐 50%～75%，SS80%～90%。

随着填料生产技术的不断发展，生物膜技术在一体化装置中应用迅速增多，生物膜法所需的设备简单，能源消耗低，成本和维护费用低，而处理污水的效率高，是今后发展的一个方向。

3.2.4 其他新型污水生态处理技术

1. 蚯蚓生态滤池（蚯蚓生态滤塔）

蚯蚓生态滤池是最早由法国和智利发展起来的一项针对城镇生活污水的处理

技术，主要根据蚯蚓具有提高土壤通气透水性能和促进有机物质的分解转化等生态学功能而设计，实现滤池通气供氧和解决滤池堵塞等问题。

蚯蚓可分泌一种能分解蛋白质、脂肪和木质纤维的特殊酶，在生态滤池中，具有促进有机物质分解转化的生态功能。蚯蚓可通过其砂囊研磨与肠道的生物化学作用，以及与微生物的协同作用，促进碳、氮、磷转化与矿化，但其主要功能为在土壤活动层内的机械疏松、消解，对滤床起物理清扫作用，防止土壤板结、堵塞。将生物物种蚯蚓引入生态滤池，可有效解决充氧、反硝化碳源、土壤板结等传统生态滤池不能很好解决的关键性技术难题。蚯蚓在滤池内的活动还能有效提高微生物数量及微生物活性，促进有机物质的厌氧分解转化。蚯蚓生态滤池对COD_{Cr}、BOD_5、TSS的去除率都在80%以上，对NH_3-N的去除率在55%以上，总磷去除率在45%以上。目前这种技术在我国太湖流域农村开展，已取得良好的效果。同时蚯蚓生态滤池工艺过程和设备简单（塔式滤池结构设计如图3-33所示），操作容易掌握，维护管理方便，水力负荷高，耐冲击负荷的能力强，适合于农村生活污水处理，但由于蚯蚓有冬眠和夏眠的习性，会造成阶段性出水不稳定，据报道，李军状等采用塔式蚯蚓生态滤池处理系统对集中型农村生活污水进行处理，并在江苏宜兴建设了16个示范工程。2007年的运行数据表明，该系统基建及运行费用低、处理效果好，对COD_{Cr}、NH_3-N、TN和TP的平均去除率分别为86.7%、91.3%、72.4%、96.2%。

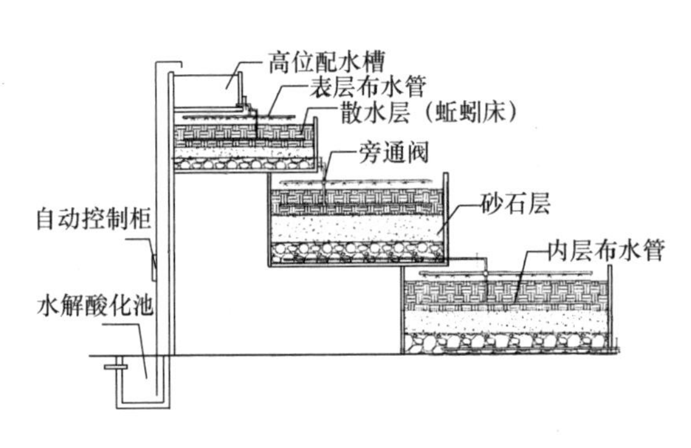

图3-33　塔式蚯蚓生态滤池结构示意图

2. 生态厕所

当前，我国农村卫生厕所普及率仅为33.33%，粪便无害化处理率为41.7%。除个别村庄外，大都没有垃圾存放点和处理点，垃圾多被随意倾倒在门前屋后、村道两旁以及田间地头和水塘沟渠之中，不仅影响村容村貌，还容易造成疾病的传播。农村厕所大部分还都是简易的露天厕所，没有完整的排污系统，农田又普遍使用化肥，粪便往往不能及时清理，一些村镇的公用厕所更是无人清理。伴随着农村产业结构的调整和养殖业的迅猛发展，小规模的家庭饲养也不断增多，猪、牛、羊、鸡往往和人杂居，稍大规模的养殖场也都建在村中或村边，对粪便的处理普遍采取露天池存或堆放的方式，使得粪便大量渗漏和溢流，导致地面水体和浅层地下水体受到污染。

生态厕所是采用具有良好多孔性、吸水性、排水性的锯末或麦秸作为微生物的繁殖场所，在反应箱内进行人工强化堆肥处理，如图 3-34 所示。生态厕所内的粪尿和锯末混合，在微生物作用下得到快速降解，其产物可作为肥料及土壤改良剂。目前生态厕所在日本部分城市已经进入实用阶段，在江苏已进行试用。据 M. A. Lopez Zavala 等试验分析，影响生态厕所正常运行的有温度、湿度和混合频率三个主要因素，其最佳的操作工况为温度 50℃～60℃、湿度 50%～60%、混合频率 15～25 次/d。若在最优和一般工况区以外运行或湿度、温度变化大，对排泄物的降解可能会停止，将会产生异味，并可能对人体健康产生危害。因此生态厕所的运行管理比较严格。

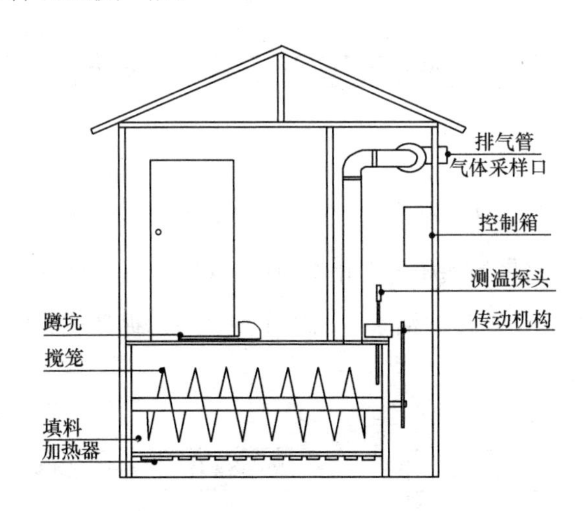

图 3-34 生态厕所结构示意图

生态厕所有如下类型：

(1) 循环水冲式厕所

该型生态厕所是利用驯化成的活性菌种对粪便进行分解、脱臭和净化，将其转化为 CO_2 和 H_2O，再用生成的 H_2O 冲洗厕所，从而形成良性的循环系统。循环水冲式厕所有以下两种方式：

1）尿液单独处理型。这型生态厕所是通过专门设计的分离装置将尿液单独收集起来，自动加入专用药剂去除异味后，回用于冲洗厕所；粪便干燥后制成农用肥料，也可以作为普通垃圾进行填埋处理。它的优点是可以使粪便资源化，但在使用过程中需少量补充水，日常管理要求比较高，粪便外运可能产生二次污染。

2）粪尿混合处理型。该型生态厕所是利用微生物的新陈代谢作用，最终将粪便降解为CO_2和H_2O，过程中产生的水经处理后回用冲洗厕所，也可排入环境。这类生态厕所是目前国内生态厕所的主流产品。目前使用的处理方法有以下三种：

① 好氧生物处理法。粪尿经过沉淀、溶解后进入曝气池，曝气池中的好氧微生物将粪尿中的绝大部分有机物转化为CO_2和H_2O。再经过沉淀、过滤、脱色和灭菌等后续处理后得到清洁水，回用于冲洗厕所或绿化。循环式好氧生态厕所工艺流程如图3-35所示。

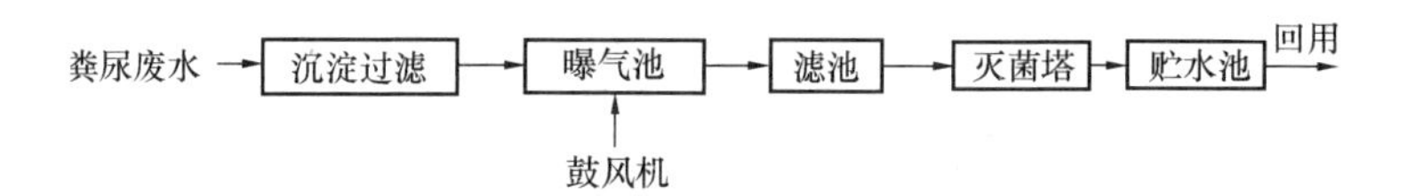

图3-35 生态厕所污水好氧生物处理工艺流程

② 膜分离法。收集的粪尿先在化粪池中沉淀，上清液被抽送到膜分离组件，通过膜选择性分离，生产出清洁水，回用于冲厕所。循环式膜分离生态厕所工艺流程如图3-36所示。

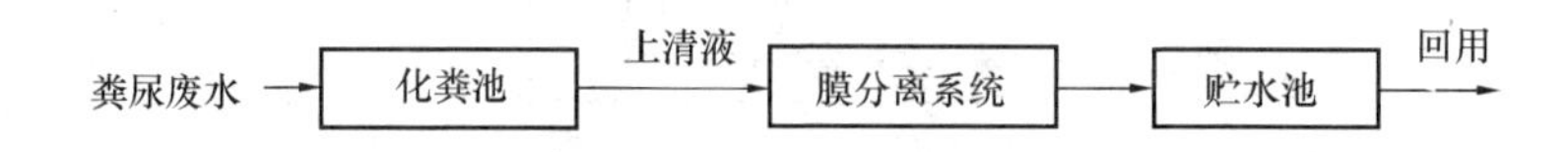

图3-36 生态厕所污水膜分离法处理工艺流程

③ 高效优势菌种处理法。依靠特殊筛选培养、专用于高效处理粪尿的优势菌种，降解有机污染物为CO_2和H_2O，其本质与好氧生物处理相同，只是需要定期投加菌种。

（2）免水生态厕所

1）无水打包型生态厕所：泡沫封堵节水型、塑料袋打包式均归类于免水冲打包型厕所，即将粪便直接装入专用塑料袋内，然后打包，集中清运。该类厕所由可生物降解膜制成的包装袋、机械装置和储便桶三部分组成。如厕后自动启动牵引装置将粪便打包、密封、防止外泄；打包后的粪便由环卫部门收集送往粪便集中处理场，进行无害化处理。在厕所使用地不留下残留物，无须水源，不污染环境，但清运成本较高、劳动环境较差。在清运过程中，排泄物有可能泄漏造成二次污染，包装袋其实不易降解。

2）免水微生物堆肥型生态厕所：免水微生物堆肥型厕所可分为厌氧型和好氧型两类。

① 厌氧型。厌氧型生态厕所的核心部件是一个装填料的生物反应器。生物降解菌对粪便具有高效降解作用，同时反应过程产生的温度可以杀灭各种病原菌。粪便发酵后变成腐殖质有机肥，这种肥料可以直接利用。由于主要采用厌氧发酵，产生的腐胺、尸胺及硫化氢等致臭物质较多，故臭气污染较为严重。

② 好氧型。好氧型生态厕所的核心技术是其将生物降解菌剂与生物反应器二者有效地结合，即在反应器内预先装入生物填料，在一定的温度下通过高效微生物充分降解粪便，同时将排泄物转化成有机肥料。由于主要采用好氧降解，可消除因厌氧菌代谢产生的臭气。但需配置供氧、保温系统，耗电量大，1个蹲位每天30人次需耗电5度；好氧菌耐温一般不高于50℃，堆肥减量化程度仅70%，降解菌剂使用周期不长，杀菌较难彻底，生物降解时间需24h，单个蹲位每天容量仅30人次。

（3）免水生物降解型生态厕所。免水生物降解型生态厕所完全不需用水，粪便减量化达95%以上，生物反应产生的温度高达50℃～65℃，专门培育的微生物菌种释放出具有降解有机物功能的高蛋白酶，将大分子有机物降解为糖、脂肪酸和氨基酸等小分子有机物，微生物菌种以此为养分代谢出CO_2、H_2O和生物热能，粪便在6h内减量化可达到95%以上。产生的CO_2、H_2O与少量其他气体直接排出，分解后极少量的残渣富含有机质、N、P、K和微量元素，半年至1年才清掏1次，可作为高效有机肥料回收利用。

3.3 组合处理工艺

组合处理工艺是根据农村当地的实际水质及出水的用途，将2个或3个工艺组合，提高处理效果和系统抗冲击负荷性能。常见的组合有生物接触氧化与人工湿地组合、稳定塘—人工湿地系统组合处理、净化沼气池—人工湿地组合、厌氧消化与有氧消化相结合、组合塘工艺、组合式分层生物滤池与人工湿地联合工艺等，组合灵活；在去除率方面，优劣互补或相互促进。

3.3.1 生物接触氧化与人工湿地组合

生物接触氧化与人工湿地组合工艺能有效去除有机物及氮磷等物质，且能够因地制宜、就近处理且抗冲击负荷强的对农村生活污水进行处理，出水水质能稳定达到国际一级排放标准。

废水在进入调节池前先通过格栅去除大块悬浮物及其他杂物，再通过泵提升至厌氧池水解后进入接触氧化池。接触氧化池是关键处理构筑物，有机物在这里通过微生物的新陈代谢作用被降解。生物接触氧化池内设置填料，底部采用空气管曝气。已经充氧的污水浸没全部填料，并以一定的速度流经填料。填料上长满生物膜，污水与生物膜相接触的过程中，水中的有机物被微生物吸附、氧化分解和转化为新的生物膜。从填料上脱落的生物膜，随水流到沉淀池后被去除，污水得到净化。经生物接触氧化处理后，污水中大部分有机物得到了去除。老化脱落的生物膜随处理出水一同进入二沉池进行泥水分离，沉淀污泥经回流缝回流至接触氧化池进行好氧消化，上清液进入后续的人工湿地，人工湿地上栽种芦苇、菰米等具有高效脱氮除磷功能的水生型植物，进一步去除 N、P 营养盐。处理后的出水达标后直接外排。典型工艺流程如图 3-37 所示。

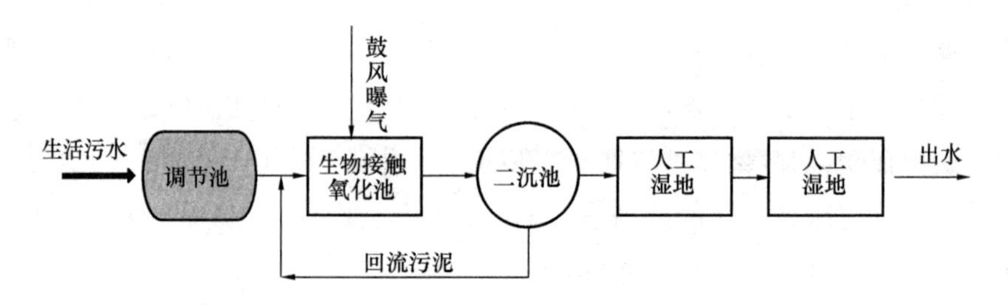

图 3-37 生物接触氧化与人工湿地组合工艺流程

采用人工湿地作为农村污水处理排水的后续生态净化工艺已经开展了多年的研究和实践，再生水已经广泛回用于农业用水。多年研究和工程实践结果表明：

人工湿地处理工艺采用高水力负荷、低污染负荷的方式，可以取得较高的处理效能。采用“接触氧化＋人工湿地”组合工艺用于处理水量小、水质水量变化大的农村小区污水的研究已有相关报道。充分利用（生物）接触氧化法在农村污水和微污染水源处理的高效性和成熟性，并结合人工湿地后续生态处理的高效性，特别是除磷脱氮优势，选择“（生物）接触氧化＋潜流人工湿地”组合工艺。

3.3.2 稳定塘—人工湿地系统组合

生物稳定塘与人工湿地系统组合的人工湿地塘床系统是一种新型的生态塘工艺，该系统结合厌氧、兼氧以及好氧状态下微生物、高等绿色植物根系、土壤和砂层的同化、分解、截流、吸收、吸附和过滤等处理机制，强化了单一稳定塘系统处理污水的功能，发挥了各单元之间的互助互补作用。污水经过塘床系统层层过滤，逐级净化，出水水质得到明显改善，特别是对氮、磷的去除效果大大提高。目前这种人工湿地塘床系统被广泛应用于生活污水和工业污水的处理中。

以重庆市渝北区王家污水生态处理为例，工艺流程见图 3-38，主要包括预处理、厌氧生物处理、氧化塘转化预处理、人工湿地处理、生态塘处理过程。

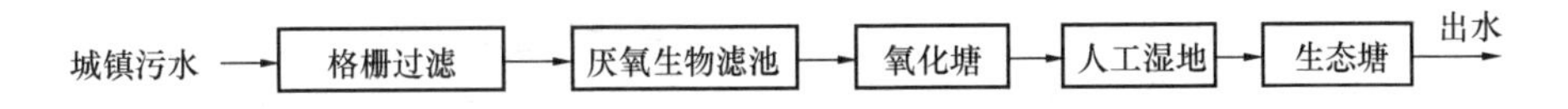

图 3-38 稳定塘—人工湿地组合工艺流程

1. 预处理。通过格栅池分离污水中的固态浮渣，同时沉降泥沙。

2. 厌氧生物处理。在厌氧条件下，通过微生物处理污水中的有机污染物，将蛋白质、脂肪等大分子物质水解酸化成有机酸等小分子物质，释放出以 CH_4 为主要成分的可燃性气体，杀灭污水中的寄生虫卵和病菌。

3. 氧化塘。通过氧化塘使污水处理环境逐步过渡到有氧状态，使污水中的污染物被微生物消化分解，被水生植物吸收。

4. 人工湿地处理。污水中的污染物进一步被土地、填料吸附，被微生物消化分解和水生植物吸收。

5. 生态塘处理。构建一个由原生生物、藻类、水草、草鱼等组成的水生生态系统，形成完整的食物链，进一步实现物质转化，增加生物量。

图 3-39 重庆市渝北区王家污水生态处理后效果图

3.3.3 净化沼气池—人工湿地组合

生活污水净化沼气池—人工湿地组合工艺主要包括预处理单元、输配水单元、人工湿地深度处理单元及监测单元四部分。污水经预处理单元处理后，经输配水单元进入人工湿地进行深度处理，在人工湿地内，污水中的污染成分通过土壤—植物—微生物生态系统的过滤、吸附、微生物降解和植物吸收等作用被去除。经过处理的污水可根据具体情况，直接由管井收集后排入河道或回用，工艺流程如图 3-40 所示。

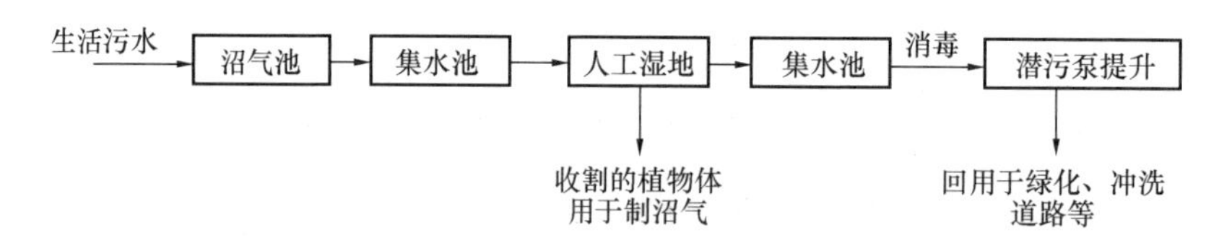

图 3-40 沼气池与人工湿地组合工艺流程

1. 预处理单元。预处理单元是组合工艺的重要组成部分，其基本功能是去除污水中的砂、油脂和悬浮物，以防土壤渗滤单元被堵塞，另外还可以与人工湿地互补不足，共同完成污染物的降解，提高系统总处理效率。该试验选用生活污水净化池沼气池为预处理单元，生活污水通过两级前置处理区实现厌氧分解、泥水分离，污泥沉积于池底进行腐化分解；后处理区为生物滤池，污水通过滤膜上好氧、兼性微生物的分解代谢和合成代谢进一步降解污染物质。污水经过净化沼气池的处理，大大降低了后续人工湿地的负荷。生活污水净化沼气池的工艺流程为：生活污水→前置处理区Ⅰ→前置处理区Ⅱ→后处理区→排出。

2. 人工湿地深度处理单元。人工湿地深度处理单元构造由进水区、处理区、出水区三部分组成，并且底部做好防渗层（图 3-41）。处理区为人工湿地工作区，共分上下 2 层，上层基质采用用土壤或煤渣，基质厚 50～60cm；下层基质采用卵石，颗粒粒径由下而上递减，基质厚度取 50～60cm。底层厚 20cm，粒径 40～60mm，为粗碎石层；中层厚 20cm，粒径 20～40mm，为中碎石层；上层厚 15cm，粒径 10～30mm，为细碎石层。人工湿地的防渗很重要，应保证污水处理过程中不向外渗漏，防止污水对地下水的污染影响周围环境卫生。该试验工程采取先夯实湿地底层的土壤，在夯实土壤层上铺高密度聚乙烯树脂塑料薄膜，再在薄膜上铺设 1 层土工布以防止卵石刺破薄膜。

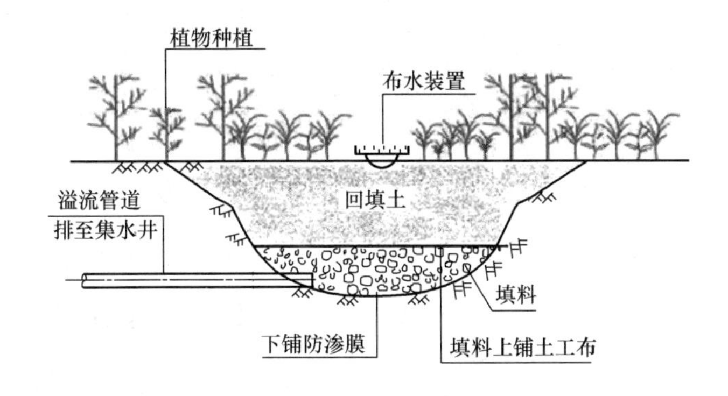

图 3-41 人工湿地处理单元结构示意图

3. 输配水单元和监测单元。输配水单元是将污水按工艺要求投配到污水处理单元，通常通过地形的合理利用，输水方式基本上采用重力流，在条件不允许的时候可采用压力配水。监测单元是为保证地下土壤渗滤工艺持续、高效、安全、可调控而设计的。

3.3.4 厌氧消化与有氧消化相结合

厌氧消化与有氧消化相结合处理生活污水流程简单、节省材料、投资省、能耗少、管理方便、见效快、占地面积少、污水处理效果好。具有很好的环境效益、能源效益和经济效益，有广阔的推广应用前景。厌氧消化是指在厌氧条件下由多种厌氧或兼性厌氧微生物的共同作用，使有机物分解并产生 CO_2 和 H_2O 的过程。好氧消化是利用微生物的内源呼吸作用分解有机物的过程。

厌氧消化技术是先让污水进行厌氧消化降低有机物的含量。厌氧处理的优点：应用范围广，适用于中、低浓度有机废水的处理；有些有机物很难降解的，但厌氧生物能够较快较好的处理。这些经过厌氧菌处理过的污水再进入生物滤池进行有氧分解，进一步处理生活污水。这样就很好地解决了自渗井的缺陷，在微生物处理过的污水大块的有机物明显减少，而且这些大块的杂质会被沉淀下来再进行处理，这样就不会造成堵塞；经过微生物的快速分解不易造成腐烂变臭，解决了异味的问题；这样处理过的生活污水符合国家二级标准，不会影响人们身体健康；微生物在进行分解的过程中会放出热量，再在装置外面加盖相应的覆土，使其达到冰冻线下，这样污水就不会结冰，保护了装置。产品埋在地下既不会影响美观，又能很好地处理生活污水。处理工艺如图 3-42 所示：

图 3-42 厌氧消化与有氧消化组合处理工艺流程

国内外许多学者也采用了其他厌氧—好氧组合工艺处理低浓度生活污水，并达到了较好的效果。王立立、凌霄、胡勇有等人采用厌氧膜床（SAFB）—曝气生物滤池（BAF）组合工艺处理生活污水。研究结果发现，厌氧膜床对低浓度生活污水有良好的水解效果，污水经 SAFB 水解后，出水 SCOD 明显升高，可生化性增强。

3.3.5 组合塘工艺

1. 多级串联塘

将单塘改造成多级串联塘，其流态更接近于推流反应器的形式，从而减少了短流现象，提高了单位容积的处理效率。从微生物的生态结构看，由于不同的水质适合不同的微生物生长，串联稳定塘各级水质在递变过程中，会产生各自相适应的优势菌种，因而更有利于发挥各种微生物的净化作用。在设计多级串联塘时确定合适的串联级数，找到最佳的容积分配比特别重要。采用厌氧水解（酸化）

塘—好氧塘、兼性塘—好氧塘、好氧塘—厌氧塘三种工艺分别对乐果废水进行处理，研究结果表明，厌氧水解（酸化）塘—好氧塘工艺处理乐果废水比普通生物稳定塘的水力停留时间短，处理效果稳定。

2. 高级综合塘系统

由美国加州大学Oswald教授研究开发的由高级兼性塘、高负荷藻塘、藻沉淀塘和深度处理塘四种塘串联组成的高级综合塘系统，每一个塘为达到预期目的而被专门设计。高级综合塘系统与普通塘系统相比，具有如下一些优点：水力负荷率和有机负荷率较大，而水力停留时间较短；占地少，无不良气味。

3. 应用实例

养猪场污水处理常用的工艺为厌氧—好氧—氧化塘，均采用钢筋混凝土结构，投资大、运行费用高。某地在设计时进行了各种工艺的筛选比较，用投药混凝、厌氧接触工艺、厌氧过滤器、上流式厌氧污泥床、复合式厌氧污泥床和厌氧塘，虽然有好的处理效果，但因建设费用和运行成本高而无法承受，所以必须寻求新的既简易又稳定可靠的方法。

因此，设计选择新型厌氧—兼氧组合式稳定塘处理工艺，充分利用规模化猪场的地形地势，妥善地解决了规模化猪场污水污染负荷高和养猪行业的利润低的两大难题。此工艺有效地把上流式厌氧污泥床移植到兼性塘来，它具有投资省、运行费低、操作管理方便、能源可回收（目前未回收）的特点。养猪场污水处理流程如图3-43所示。

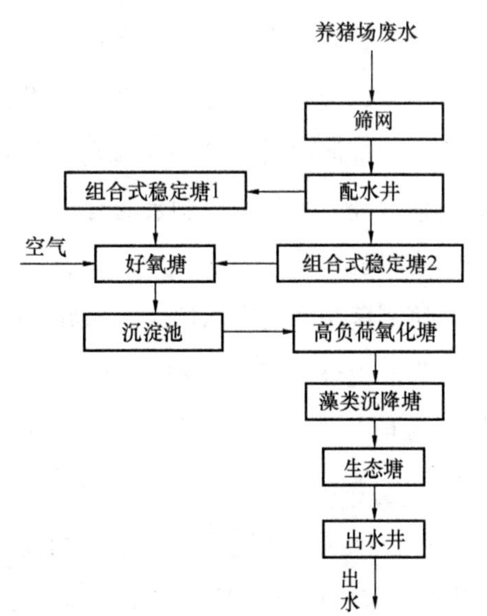

图3-43 养猪场污水稳定塘处理工艺流程

工艺流程说明：

（1）固液分离：从猪舍出来的水经集水井提升泵送到设于鼓风机房顶部的水力分离筛网，经筛网过滤，使粪渣分离。污水进处理单元，回收粪渣外售。

（2）组合式稳定塘：组合式稳定塘共设2个自然塘（每个自然塘面积约2000m^2），平时并列运行，清塘时（几年后清一次塘），一塘运行，另一塘清泥。

在塘的中央设置一个厌氧反应区，深5.0m。污水从配水井用管道重力引入至厌氧反应区底部，并均匀在厌氧反应区底布水，污水经厌氧反应区底部均匀向上流动，从污水的流态来看，其结构类似上流式厌氧污泥床（UASB），污水和甲烷气都向上流动，经过厌氧污泥床。所不同的是UASB上下流速相同，同时内有三相分离器，而组合式稳定塘上下流速不同，厌氧反应区底部流速大（约0.21m^3/（m^2·h）），厌氧反应区上部流速小。最后，污水流向塘的四周进行沉淀（类似UASB的三相分离器）。

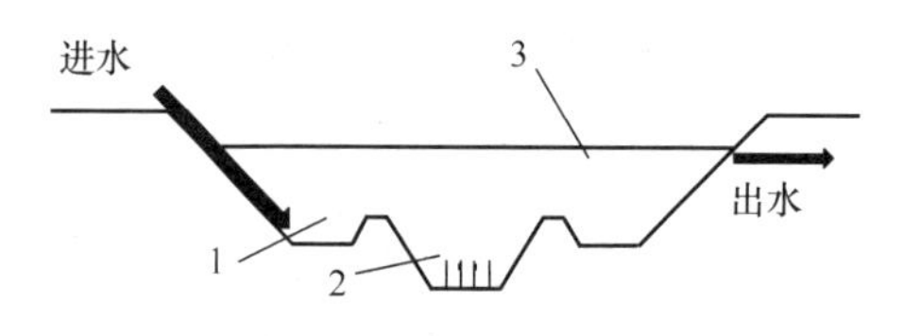

图3-44　组合式稳定塘断面示意图

1—兼氧反应区；2—厌氧反应区；3—表面层区

组合式稳定塘的工作原理是：从微生物类属来看，塘分为三种微生物反应区。即厌氧反应区、兼氧反应区、好氧和藻类生长区，参见图3-44组合式稳定塘断面示意图。

第一区为厌氧反应区：污水首先进入厌氧反应区底部，并均匀分配在整个横断面上，污水流向为上流式，整个坑的容积均为絮状的厌氧微生物（污泥床）。污水上向流经这些厌氧微生物污泥床时，污水中有机物被厌氧微生物进行降解，转化为CH_4、CO_2和H_2O。生成的CH_4、CO_2和污水不断上升，使整个污泥床得到充分的搅拌，同时污水和厌氧微生物充分接触，提高了有机物的去除效率。

第二区为兼氧反应区：除塘面和塘底的积泥层外，其余均为兼氧反应区，污水从坑顶部流出后，向四周流动，流速突然降低，可沉的悬浮物固体便沉于塘底。污水经厌氧分解后剩余的有机物继续被兼氧微生物所利用，进一步去除污水中的有机物。

第三区是塘的表面层区：为好氧微生物和藻类生长区。该区内，空气的复氧和藻类的光合作用提供氧气，污水中的有机物进一步被好氧微生物所利用，把它氧化为CO_2和H_2O。另外，污水中的氨氮又为藻类提供营养物质，产生了良性循环。

新型厌氧—兼氧组合式稳定塘技术的设计运行参数：坑的COD_{cr}容积负荷（以COD_{Cr}计）为5.1kg/（m^3·d）。污水在坑内停留时间为2.6d；在塘内停留时间（含坑的停留时间）为12d，本设计的坑负荷为传统的13～19倍（传统式

氧化塘 COD_{Cr}负荷（以 COD_{Cr}计）为 0.13～0.4kg/（m^3 · d）。

由于特殊的设计（坑顶设计围墙包围），避免了传统的厌氧塘在刮风时竖向混流而影响底部厌氧（因为表层好氧区水中含有很高的溶解氧会入侵到厌氧区，破坏厌氧环境），并有效地抑制和防止季节性翻塘，使厌氧总保持最佳状态。另外，坑设计成倒置截头圆锥形，使坑内从下至上流速渐渐由大变小。避免了厌氧污泥被水流和 CH_4等带出坑外，最大限度地保持了厌氧污泥浓度，从而在高的 COD_{Cr}容积负荷（以 COD_{Cr}计）下（F_v = 5.1kg/（m^3 · d））还具有较高的 COD_{Cr}去除效率。

从投产以来，处理系统运行情况较为稳定，新型厌氧—兼氧—组合式稳定塘出水 COD_{Cr}的质量浓度一般在 3000mg/L 左右，COD_{Cr}去除率一般为 70%左右，而传统厌氧塘 COD_{Cr}去除效率 50%左右。

（3）好氧池、高负荷氧化塘。好氧池、高负荷氧化塘组成二级好氧生化处理系统，前者采用了活性污泥法，使 COD_{Cr}等进一步降解，并为后续氧化塘处理提供条件；后者采用循环沟式氧化塘，污水在此硝化脱氮。在高负荷氧化塘中，在 JET 推流混合器的作用下，水在廊道中循环，由于具有一定的流速（10～15cm/s），大气复氧速率增加，同时藻类迅速生长。藻类光合作用提供溶解氧供给好氧微生物进行代谢活动。高负荷氧化塘出水中的微型藻类很容易沉淀，约 50%～80%的藻类可在水力停留时间为 1～2d 的沉淀塘中自然去除。沉淀的藻类呼吸速率很低，且可浓缩在塘底数月甚至数年而不明显释放营养物。高负荷氧化塘中藻类的另一显著作用是提高了塘中废水的 pH 值，给灭菌和促使氨气向空气中扩散提供了条件。在 pH 值为 9.2 时在 24h 内可 100%杀灭大肠杆菌和绝大部分病原体，在白天高负荷氧化塘中废水的 pH 值达到 9.5 的并不鲜见。整个系统稳定、高效。

（4）藻类沉降塘。专门设计的藻类沉降塘利用自然重力分离作用使藻类从污水中分离出来，同时由藻类自身产生的生物絮凝过程促进了自然沉淀，废水在藻类沉降塘停留时间 24h 以上，沉淀的藻类处于休眠状态，不会被立刻分解或腐烂。两个藻类沉降塘同时使用，其中之一可 3～4 年放空一次，以去除浓缩的含藻污泥。

（5）生态塘。利用生态塘中放养的鱼类和水生植物自然降解水中的污染物

(N、P)，以达到出水水质要求。

该工艺于2000年6月投入运行，同年10月通过环保部门的验收。经过2年多的运行，处理效果稳定，各项指示均达到行业排放标准。

3.3.6　组合式分层生物滤池与人工湿地联合工艺

组合式分层生物滤池与人工湿地联合工艺是一种新型的联合工艺，用以处理农村生活污水。该工艺以复合生物滤池为核心，并配以水平潜流污水处理系统作为后续的处理工艺，以达到提高出水水质的工艺效果。试验装置及流程如图3-45和图3-46所示。各农户的生活污水经收集进入集水池，在集水池中通过提升泵将污水提升依次进入复合生物滤池和水平潜流人工湿地，净化后的污水直接排入就近河道。复合生物滤池采用陶粒作为填料，人工湿地使用加气粒子作填料。

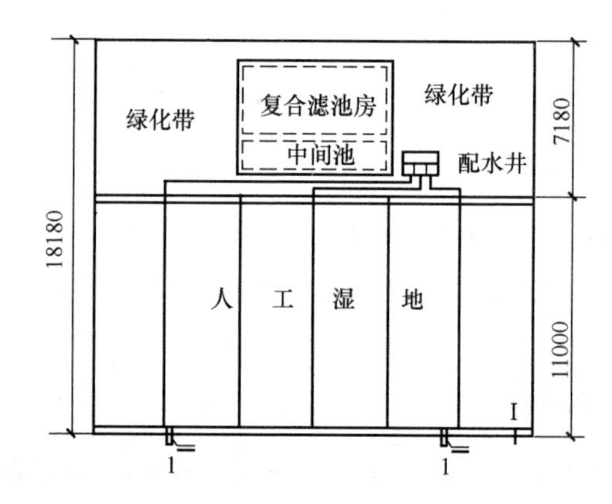

图3-45　组合式分层生物滤池与人工湿地结构示意图

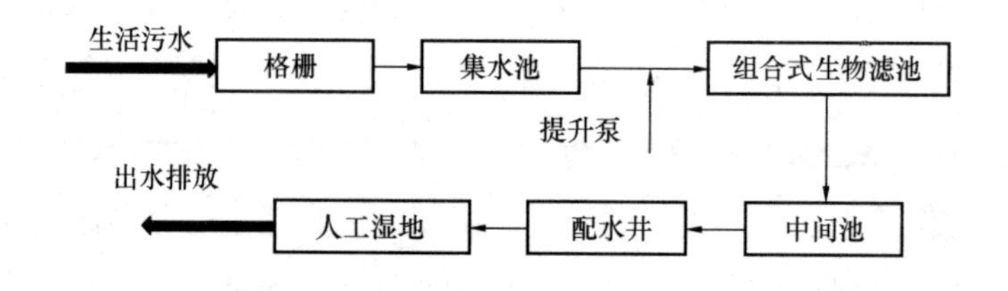

图3-46　生物滤池与人工湿地组合工艺流程

生物滤池与人工湿地组合工艺处理效果如下：

(1) 采用生物滤池和人工湿地联合工艺处理曹家浜农村生活污水，对各类污染指标具有稳定、良好的处理效果：其中COD去除率达到80%左右，出水水质能达到一级B标准；总氮去除率高于50%，出水水质在一年大多数时间能达到一级A标准；氨氮去除率能达到60%，出水水质能达到一级B标准；总磷去除率能达到70%以上，出水水质能达到一级B标准。

（2）在不同季节和水质变化较大的情况下，系统出水水质稳定，表明系统具有较好的抗冲击负荷能力，总体来说，夏季的运行效果最好，其次是春季，冬季最差。

（3）联合工艺投资少、处理效率高、能耗低、管理方便，非常适合广大农村的生活污水处理，具有较好的推广应用价值

3.3.7 生物净化槽/强化生态浮床（BPT-EEFR）组合工艺

该组合工艺由调节池、生物净化槽、强化生态浮床组成。

生物净化槽（BPT）可以有效地对有机物进行生物降解，强化生态浮床（EEFR）则进一步去除了氮和磷。张增胜等通过用BPT-EEFR组合工艺处理崇明岛的农村生活污水表明：对生活污水中的有机物、N、P以及SS具有较好的去除效果，平均出水COD_{Cr}<45mg/L、NH_4^+-N<5.0mg/L、TP<0.75mg/L、SS<20mg/L。BPT可以有效地对有机物进行生化降解，EEFR则进一步去除了N、P等富营养化元素。在稳定运行的情况下，BPT-EEFR组合工艺对COD_{Cr}、NH_4^+-N、TN、TP及SS的平均去除率分别为80.3%、83.1%、50.2%、79.4%和88.1%，其中BPT对去除COD_{Cr}、NH_3-N、TN、TP及SS的贡献率分别为78%、25%、37%、53%及35%，EEFR的为22%、75%、63%、47%及65%。BPT-EEFR组合工艺具有不易堵塞、操作简单、占地少、造价低、出水水质好等优点，比较适合农村生活污水的处理。

3.3.8 厌氧水解、跌水充氧接触氧化、折板潜流式人工湿地组合技术

对于土地资源匮乏的地区，单纯采用生态处理技术土地条件不允许，而单纯采用生物技术又存在除磷脱氮工艺复杂、建设和运行费用较高的问题，可采用厌氧池—跌水充氧接触氧化—人工湿地技术组合。

1. 工艺流程及特点

本技术是将生物技术和生态技术相结合的组合工艺：厌氧池、跌水充氧接触

氧化、人工湿地技术组合，主要针对相对集中、污水中有机物相对较高的农村生活污水处理。

厌氧池为预处理单元，可有效降低有机物浓度的功能，减少后继跌水充氧接触氧化池需氧量，并具有脱氮功能；跌水充氧生物接触氧化池的主要功能是降低有机物浓度，以减轻后续处理单元的负荷并降低需氧量；接触氧化池主要用于去除有机物和氨氮，该池利用提升泵的剩余扬程，使污水从高处多级跌落而自然复氧，以满足接触氧化池对溶解氧的需求，采用这种充氧方式可降低能耗和运行费用；人工湿地系统可进一步去除有机物和氮、磷营养物，保证出水水质达标排放。

主体工艺跌水充氧接触氧化池如图 3-47 所示，共分五级，污水由厌氧池提升进入第一级跌水充氧接触氧化池后，经过出水堰和出水挡板跌落于多孔跌水挡板跌水充氧后，进入下一级跌水充氧接触氧化池，完成降解污水中的有机物和硝化以及磷的无机化。

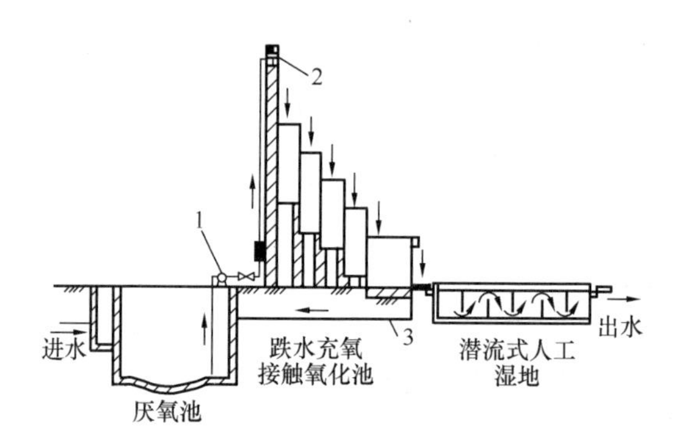

图 3-47 厌氧池—跌水充氧接触氧化—人工湿地技术组合结构示意图

1—自吸式水泵；2—高位水箱；3—回流管

跌水充氧技术利用微型污水提升泵的剩余扬程，一次提升污水将势能转化为动能，分级跌落，形成水幕及水滴自然充氧，无须曝气装置，大幅度削减了污水生物处理能耗（日处理 10t 规模装置，电力消耗 100W），在农村生活污水处理中是一种首创性的研究。在工艺选择上，采用污水厌氧处理降低后续跌水池的负荷，减少接触氧化池的需氧量，使跌水充氧技术能够适合高浓度生活污水处理。生物技术与生态工程的结合，解决了单纯依靠小型污水生物处理工艺除磷脱氮工艺复杂、建设及运行成本高的弊端，通过厌氧及好氧生物处理过程完成有机物降解及部分生物脱氮，利用人工湿地等生态工程进一步去除氮、磷污染物。

2. 工程处理效果

在大浦示范区林庄建设的该组合工艺试验工程表明：厌氧—跌水充氧接触氧化—人工湿地组合工艺对 COD_{Cr} 和 TN 的平均去除率分别可达 81%和 83%；对 TP 的平均去除率在进水 TP>1.5mg/L 时达 82%，在进水 TP<1.5mg/L 时为 72%，此时出水 TP 平均浓度<0.3mg/L。该组合工艺具有较强的抗冲击负荷能力，冬季时通过对跌水充氧接触氧化池采用大棚保温措施，可以保证填料上附着的微生物的活性及其处理效能。

3.3.9 厌氧—接触氧化—砂滤组合工艺

针对小水量、间歇排放的农村户型污水，采用厌氧—接触氧化—砂滤组合工艺处理比较适合。该组合工艺主要运用流体力学、反应动力学及生物滤床、吸附等原理，由调节罐、2 级厌氧槽、一个好氧生物膜滤床和沉淀砂滤罐组成，采用自流进出水。工艺流程装置如图 3-48 所示。

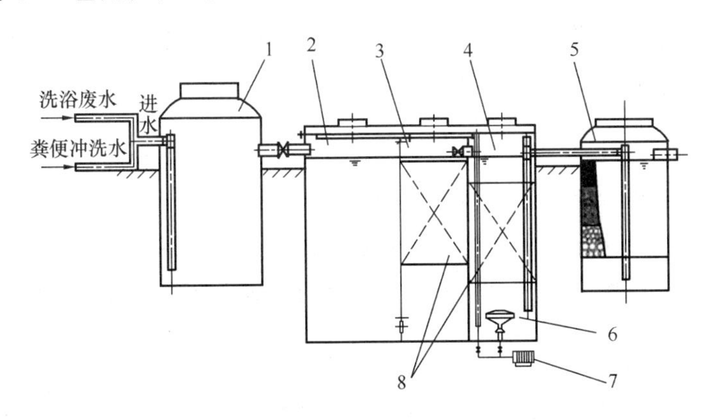

图 3-48 厌氧—接触氧化—砂滤组合工艺流程示意图

1—调节罐；2—集水槽；3—厌氧上流床；4—接触氧化槽；5—沉淀过滤罐；6—填料；7—曝气器；8—鼓风机

由于污水特点为间歇进水、水质水量不均衡，因此设置调节罐调节水量、均衡水质。2 级厌氧预处理提高水解酸化反应速度，对好氧微生物不能降解的一些有机物进行降解或部分降解，将复杂的大分子转化为结构简单的小分子，提高污水的生化性，有效降解有机物、磷；同时污水与好氧回流硝化液混合发生反硝化反应，硝酸盐氮被还原成 N_2，溢出水体，此阶段厌氧菌释放磷。之后采用高效曝气接触氧化工序，对可生化降解物质彻底硝化，通过硝化反硝化过程提高脱氮效率，进一步削减 P、SS，后端采用砂滤生物净化组合，通过过滤吸附及生化作用，进一步去除 SS、有机物、总氮、总磷等。

吕兴菊等通过此组合工艺对洱海流域农村户型进行污水处理表明：①采用厌氧—接触氧化—砂滤组合工艺处理小水量的农村户型生活污水，系统运行稳定，对 COD_{Cr}去除率达到 80.0%，TP 去除率达到 40.39%，NH_3-N 去除率达到 53.12%，可有效削减水污染负荷。②该污水处理装置微动力曝气，产泥量少，管理简单，电费 0.17～0.24 元/（m^3 · d），投资及运行费用在同类设施中属于较低，尤其适用于地处饮用水水源地保护区、重点流域等环境敏感区域的分散居住的农村生活污水治理。

3.4　农村再生水的最终排放与利用

随着全球性水资源短缺矛盾的日益尖锐，水资源问题已成为当今世界的热点问题。而污水处理最高的目标是实现资源消耗减量化（Reduce）、产品价值再利用（Reuse）和废弃物质再循环（Recycle），水的再生利用是解决当今水资源日益紧缺问题的一项极其重要、有效的措施。

再生水是指污水通过污水处理工艺适度处理后，使水质达到一定标准，可以满足某种使用的要求，能进行再利用的水。通常把通往用水户的自来水叫上水，从用水户排出的污水叫下水。因为污水经过二次深度处理后变为再生水，其水质介于上下水之间，可排入地面水域而使水体不受任何污染，所以通常又把再生水叫做“中水”。再生水除不能做饮用水外，完全可满足绿化、消防、道路降尘喷洒、农业灌溉用水、工业冷却用水、生态景观用水、洗车、建筑物清洗、地下水回灌等用水水质标准的要求。它的应用范围非常广泛，可以被称为第二水源。

再生水较其他水资源具有显著特点：

(1) 供水保证率高。因为随着农村的快速发展，用水量也大大增加，其中供水总量的 80%都要转化为污水，这些污水经二次处理后有 70%的中水是可以回用的。且再生水不受气候条件和其他自然条件的限制，污水作为再生水利用水源与污水的产生基本上同步发生。

（2）供水成本低，具有竞争力。按目前的技术水平，再生水的供水成本1～3元/吨，海水淡化的供水成本5～7元/吨，跨流域引水的供水成本5～20元/吨。显而易见，从经济的角度而言，再生水回用是最经济的。

（3）具有明显的环保价值。污水的再生利用非常有利于改善生态环境，有利于实现水生态环境的良性循环。

3.4.1 农村再生水的利用

随着农村污水排放量的逐年增多，污水再生利用已经成为农村水环境恢复与水健康循环的关键环节之一，且对于农村经济的发展具有十分显著的作用。农村再生水的利用途径主要有以下几个方面：

1. 用于地下水回灌

利用再生水回灌地下水可补充地下水水量的不足，防止地面下沉和海水倒灌，调蓄地下水量并有一定的水质净化作用，是污水资源化利用的重要方面。

国外实施再生水回灌已有很长历史，已取得丰富的经验，我们可以引进回灌技术用于我国农村再生水的利用。如：由于长期缺水，以色列在污水再生利用方面，始终处于世界领先地位。1987年其污水再生利用率已达全国污水总量的70%以上，其中约30%用于回灌地下。因为对再生水安全性持怀疑态度，一般情况下以色列不将再生水作为直接饮用水，而是将再生水回灌地下，通过土壤层的净化再抽至管网系统使用。德国是欧洲开展再生水回灌较早的国家。德国回灌地下水主要有两种方法：一种是采用天然河滩渗漏；另一种是修建渗水池、渗渠、渗水井等工程措施实施回灌。从水的自然循环角度讲，再生水回用于地下水回灌体现了减量化、无害化、资源化的污染治理原则和可持续发展的战略思想，因而从可持续发展的观点看，地下水回灌是扩大污水回用最有益的一种方式，具有广阔的发展前景。美国早在20世纪70年代就开始使用再生水补给地下水，以防止海水入侵和地下水位的下降。加州橘子县为了防止海水入侵，1972年兴建了当时世界上最大的深度处理厂（21世纪水厂），设计能力为56780m^3/d，于1976年投入运行，21世纪水厂的净化水通过23座多套管井，81个分散回灌点将再生水注入四个蓄水层，注水井位于距太平洋约 5.6km 的地方，回注前，再生水与深层蓄水层井水以 2∶1 比例混合。

2. 用于农业回灌

再生水回用于农业可缓解农业缺水问题，形成农业灌溉水源，从而补充了农业灌溉水源，节约了农业投入成本，增加了农民收入。再生水是一种持续、安全而又富有营养的水源，土壤对再生水中的氮磷营养物质、有机质和悬浮物等产生吸附过滤作用，污水中含有大量的氮、磷等营养物，利用污水灌溉农田，可以充分利用污水中的这些营养物。世界很多国家把污水回用农业看作是消除污染、解决农业淡水资源不足和促进农业增产的有效措施。日本从 1997 年开始实行农村污水处理计划，已建成约 2000 座污水处理厂，处理后的废污水各项指标都达到污水处理水质标准，处理后的污水水质稳定，多数用于水稻和果园灌溉。

3. 农村人工生态污水处理系统提供生态景观

结合实际有效地治理农村地区生活污水，既可投资省、见效快、运行成本低、稳定可靠，又可达到治理污染的目的，是治理小流域水环境污染的一个关键选择。在成都市三圣乡“五朵金花”实施生态绿地污水处理系统，自行处理该地区的生活污水。生态绿地污水处理系统是通过人工绿地构成微生物、植物、动物的生物链，通过物理、化学、共同作用来对污水进行净化处理，将污水中的营养物质转化吸收为植物生长的所需养分，从而实现“污”与“水”的分离，即净化水质，并实现水与营养物质的生态回用。且所需能耗以太阳能、生物能为主，运营成本低廉。生态绿地污水处理系统的主要处理设施是预处理池和人工生态绿地，外形美观，可与景观绿地结合，环境优美和谐，且流程简单、管理简单，无须专业人员的管理，总投资也较省，农家乐和江家堰十组 47 户农户实施的生态治污工程总投入 8 万余元，户均成本 1600 余元，日后污水处理运行实现了零成本，生态绿地污水处理系统在处理污水的同时，并可净化空气、造氧、吸收光污染和噪声污染，消除热岛效应，改善局部小气候，处理后的水还可用于灌溉和养鱼或就地回用，实现了水的再生利用，有效节约了水资源。

3.4.2 农村污水资源化再利用标准

我国农村人口众多，用水需求量急剧上升，且随着国家大力发展建设社会主义新农村的要求，应尽量将农村污水进行循环利用，经过一定的处理后可以将水作为他用，达到可持续发展的要求。且随着科学技术的发展以及现代处理技术的多样化，农村污水经过处理后水质可以得到显著的改善，完全能够满足污水的资源化利用要求。

由于污水再生利用的复杂性，农村污水排放后经过一定的处理，水质可得到十分显著的净化，再生水的水质需要达到一定的标准。适用于农村范围的排放水水质标准主要有：

1. 城镇污水处理厂污染物排放标准 GB 18918—2002（附录 A）
2. 污水综合排放标准 GB 8978—1996（附录 B）
3. 地表水环境质量标准 GB 3838—2002（附录 C）
4. 地表水环境质量标准 GB 3838—2002（附录 D）
5. 农田灌溉水质标准 GB 5084—2005（附录 E）
6. 地表水环境质量标准 GB 3838—2002（附录 F）
7. 渔业水质标准 GB 11607—89（附录 G）

4 农村污染河流的生物修复技术

河流污染是指直接或间接排入河流的污染物造成河水水质恶化的现象。其主要特点：①污染程度随径流量而变化。在排污量相同的情况下，河流径流量愈大，污染程度愈低；径流量的季节性变化，带来污染程度的时间上的差异；②污染物扩散快。河流的流动性，使污染的影响范围不限于污染发生区，上游遭受污染会很快影响到下游，甚至一段河流的污染，可以波及整个河道的生态环境（考虑到鱼的洄游等）；③污染危害大。河水是主要的饮用水源，污染物通过饮水可直接毒害人体，也可通过食物链和灌溉农田间接危及人身健康。

据 1999 年《中国环境状况公报》显示，目前我国七大水系、主要湖泊、近岸海域及部分地区的地下水受到不同程度的污染。美国《商业周刊》说："中国近年来的空前增长付出了惨重代价。该国 2/3 的河流和湖泊受到污染，只适合工业用途，根本不能用于农业或饮用。"据近年来全国水域的环境质量监测调查统计，我国江河水体污染普遍。所调查的 532 条河流中有 436 条受到不同程度的污染，约占河流总数的 82%。当前我国国内的河流现状就是：有河皆枯，有水皆污。尤其是在农村，由于没有完善的污水收集系统，各种污水或直接排放到河流中，或随着雨水的冲刷汇入河道，造成当前我国农村河流的污染情况十分严重，见图 4-1，且环保部门对农村河流的污染监测力度不够到位，使得农村河流污染程度以及治理处于一定的盲区阶段。

河流污染治理技术一般分物理法、化学法以及生物/生态技术，其中物理法包括人工增氧、底泥疏浚、换水稀释等方法，化学法包括化学除藻、絮凝沉淀、重金属化学固定等方法，生物/生态技术包括微生物强化、植物净化、稳定塘技术、人工湿地技术、渗流生物膜净化技术、多自然型河道构建技术等。河道污染治理技术中向河水中投加絮凝剂、除藻剂等的化学法以及投加高效菌剂、酶制剂等的微生物强化技术存在处理成本高，短期效果好但没有长期效果等问题，适用

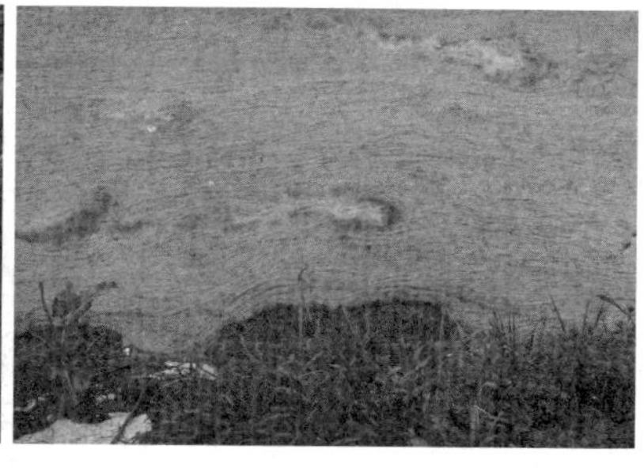

图 4-1 农村河流污染现状

中小型河道，或特殊的应急处理。与其他技术相比，生物/生态技术具有费用投入及人为管理控制少，能持续发挥河流污染净化作用，对自然界危害小，可与亲水景观结合更富人性化等特点，是河流水质净化与生态修复的首选技术。针对河道特点，结合河流水体污染状况及成因分析，充分考虑河流现状、自然条件以及周边环境，分析污染治理技术的有效性、长效性、经济性和生态相容性，拟定适用于人工河道的污染治理技术有底泥疏浚、换水稀释、多自然型河道构建技术、渗流生物膜净化技术、植物净化、人工湿地等技术。

4.1 河流水体的生态特点及污染特征

4.1.1 河流水体的生态特点

河流水体的生态系统即河流生态系统，属流水生态系统的一种，河流生态系统从源头延伸到河口，包括河岸带、河道和河岸相关的地下水、洪泛区、湿地、河口以及依靠淡水输入的近海环境等，是陆地与海洋联系的纽带，在生物圈的物质循环中起着主要作用。河流生态系统中水的持续流动性，使其中溶解氧比较充足，层次分化不明显。

河流生态系统的特点是流水生态。河水流速比较快，冲刷作用比较强。河流中存在不同类型的介质，包括水本身、底泥、大型水生植物和石头等，从而为不同类型的生物提供了栖息场所。河流中的杂物、碎屑等为生物提供了初级的食物。这些基本条件造就了河流生物的多样性。

河流生态系统另一个显著的特点是有很强的自我净化作用。河流的流水特点使得河流复氧能力非常强，能够使河流中的各种物质得到比较迅速的降解。河流的流水特点也使得河流稀释和更新的能力特别强，一旦切断污染源，被破坏的生态系统通常能够在短时间内得到自我恢复，从而维持整个生态系统的平衡。

河流水体主要具有以下特点：

（1）具纵向成带现象，但物种的纵向替换并不是均匀的连续变化，特殊种群可以在整个河流中再出现。

（2）生物大多具有适应急流生境的特殊形态结构。表现为浮游生物较少；底栖生物多具有体形扁平、流线性等形态或吸盘结构；适应性强的鱼类和微生物丰富。

（3）与其他生态系统相互制约关系复杂。一方面表现为气候、植被以及人为干扰强度等对河流生态系统都有较大影响，并表现出显著地季节性特点；另一方面表现为河流生态系统明显影响沿海（尤其河口、海湾）生态系统的形成和演化。

（4）自净能力强，受干扰后恢复速度较快。

4.1.2 河流水体的污染特征

河流的污染程度取决于河流的径污比（径流量与排入河流中污水量的比值），径污比大，河流的稀释能力强，受污染的程度小。且河流上游受污染可很快影响到下游，一段河流受污染，可影响到该河段以下的河道环境。中小河流由于水量相对较小，污染物可沿纵向、横向、垂直方向扩散，污染不仅发生在排污口，甚至可影响到下游数公里至数十公里。流量大的江河，污水不易在全断面混合，只在岸边形成浓度较高的污染带，影响下游局部水域的水质。一般而言，河流水体的污染特征主要包括以下几个方面：

河流往往是整条河流的某一河段，作为自然流域的一部分，它参与整个水文循环过程。由于河水的流动特性，使得河流生态比较容易受到外来污染的影响。而且，一旦发生污染，很容易波及整个流域。河流生态被污染以后可造成比较严重的后果，会影响周围陆地、地下水和流域湖泊的生态，也会影响到其下游河口、海湾和海洋的生态系统。因此河流生态系统的污染，其危害远比湖泊和水库等静态水体大。

另一方面，在我国农村，由于农业生产使用大量的化肥以及生活排泄物流失到水体，使农村河流水质普遍富营养化，造成水葫芦、水花生迅速蔓延，泛滥成灾。农村承包到户后，农民对公共河流的状况也没有以前那样关心了，加上使用化肥后农民不再搅河泥作肥料，使得河床逐年提高。据对100多条不受城镇和工业影响的农村自然河流调查情况反映，农村河流都不同程度地发现了水葫芦、水花生疯长的情况，由于每年水葫芦、水花生自然的生长、腐烂、沉积，已经造成河底明显抬高，水面缩小，水质反复受到污染。多年的积累使得河流面临沼泽化，水体变绿等现象。而且水葫芦、水花生的疯长还影响了当地水生生物多样性。这种由水葫芦、水花生的长期疯长得不到控制而引起的河流淤塞和沼泽化的趋势是农村河流比较普遍的情况。

当前我国农村河流污染的主要特点为：

(1) 污染类型齐全。总氮、氨氮是农村河流污染的主要污染物

据估计，全世界各城市地区每年排入水体的工业废水和生活污水达7444亿吨以上，使城市河流污染类型十分齐全，主要包括有机物污染、重金属污染、酸碱污染、病毒细菌污染、热污染等。由于我国目前环境保护工作的重点一般都放在城市，特别是一些经济发达的城市对建设项目的环保把关比较严格，导致一些经济不发达的农村地区接受了城市转移的重污染项目。生产工艺落后、不符合国家产业政策的“十五小”的项目，甚至有些重污染项目不经过环保审批，在偏僻的农村得以生存。这些重污染项目没有有效的污染防治措施，加上农村环境监管的不力，使得一些农村地区河流工业污染十分严重。

有机物又可因其污染后果，分为需氧污染物、植物营养物、酚类化合物等类型。需氧污染物是指生活污水和工业废水中的碳水化合物、蛋白质、脂肪和木质素等有机化合物。它会消耗水中的溶解氧，降低水体的自净能力。河流中的植物营养物主要来自生活污水的粪便以及含磷洗涤剂、化肥、农药，它们能引起水体富营养化。酚类化合物主要来自冶金、炼焦、塑料、石化等行业的工业废水，酚有毒性，可使人和水生动物慢性中毒。

重金属污染指工厂、矿山排放的含重金属的工业废水造成的污染。危害较大的重金属有汞、镉、铬、铜、铅、锌等。

另外，因工业中酸碱应用十分广泛，酸碱及无机盐污染也很常见。废酸废碱能破坏水体的自然缓冲作用，抑制细菌和微生物生长，妨碍水体的自净机能，还能腐蚀船舶和水工建筑。

医院的生活污水、制药、洗毛、屠宰等工厂和医院排放的废水，含有病毒、细菌、寄生虫等病原体，能传播疾病，甚至致癌。

热污染指工厂向水体排放的高温废水，如热电站冷却水，它威胁到水生生物的繁殖和生存。

此外，由于核电站、原子能研究所、放射性元素再生装置、使用放射性物质的实验室和医院等机构，核污染威胁也越来越严重，但相较而言，我国农村境内河流核污染不是很明显。

通过对某市 2001～2006 年农村河流的监测调查显示，25 个监测断面的 22 个水质指标中，对照地表水环境质量标准 GB 3838—2002V 类进行评价，总氮、氨氮超标率 100%，可见总氮、氨氮为主要污染因子，阴离子表面活性剂、COD、COD_{Mn}、BOD_5、总磷、粪大肠菌群等有机污染占比较大的比重，由此可见农田的化肥流失是主要原因，农村生活污水直排入河也是劣 V 类的重要原因，在人口密度愈大的区域，河流污染愈严重。

（2）污染源数量多、密度高，污染危害严重

农村河流的污染源以面污染为主，但随着乡镇企业的迅猛发展，点污染所占比重也逐渐增大，且由于污染源数量多、密度高，彼此既相独立，又互联成网，虽以点污染形式出现，实际上形成与河系相应的网络状面污染。

化肥、农药过量以及不合理施用引起农田的化肥、农药流失，形成农业面源污染，而传统的灌溉方式加重了面源污染；集约化畜禽养殖产生的污染相当部分都随农田排水或雨水而进入到河流，造成对地表水环境的污染。我国农业面源污染问题很大，粗略估算，目前水体污染物中来自农业面源污染的大约占 1/3。十几年来我国采取措施逐渐限制了工业污染的排放，城市生活污水也逐步进入污水处理厂处理，而对农业面源污染目前还没有很好的办法。在未来几年里，如果不采取有效措施，由作物种植和畜禽养殖业导致的面源污染，对水质污染的“贡献率”将日益凸显，生态破坏和环境污染问题已成为制约农村和农业可持续发展的重要因素。

4.2 污染河流的修复技术

污染河流的修复，是指将受到污染的河流恢复至原来没有受到干扰时的状态，或者恢复到某种合适的状态。在实际修复中，一般很难将河流修复到原来没有受到人为干扰的状态。河流修复的目标应在综合考虑河流污染的程度、河流自净能力、周围环境的变化、土地的开发、河流的功用以及项目财政状况等众多因素的基础上确定，做到在既恢复河流的生态功能的同时，又能够满足人类的需要。

同湖泊或人工水库生态系统恢复相比，河水较浅，水体更新快，恢复相对比较容易。切断污染源，并使河流常年维持流水状态，小的河流生态系统就能自然得到恢复。但大江大河流域面积大，影响因素复杂，需要全面规划整治。其中行政管理、制定相应的政策法规、严格控制造成河水污染的因素，是改善河流环境质量的主要措施。

特别需要强调的是，控制和清除造成河流污染的污染源是进行河流修复的前提条件，因此在制订任何的河流修复计划时，首先应进行流域污染来源的详细调查，并根据河流的自净能力，制定排入污染物总量的控制目标。依据有关法律、法规，统一规划有关地区和企业单位的排放总量与排放浓度，建立排放许可证制度。只有在污染源得到控制的条件下，随着河水的更新和自净作用，河流生态系统才可以得到较快恢复。也只有在污染源得到控制的条件下，修复污染河流的目标才能最终实现。具有很强的自我净化作用是河流生态系统的一个显著的特点。目前，国内外用于净化水体的工程技术，根据其处理原理的不同，可分为物理净化法、化学净化法、生物净化法及自然净化法四类（见图 4-2）。

水体的强化净化技术是近年来国内外为解决水域污染而研究开发的重点技术，许多发达国家如日本、韩国、荷兰等已将其用于工程实践，我国则刚刚起步。强化净化技术的特点是，充分发挥现有水利工程的作用，综合利用水域内外的湿地、滩涂、水塘、堤坡等自然资源及人工合成材料，对天然水域自我恢复能力和自净能力进行强化。通过人工有目的地向河流输送某种形式的能量或者物质，通过强化河流的固有自我净化过程，来加快污染河流修复过程的方法称为强化自然净化修复。它是一种原位修复技术，是目前进行污染河流修复的主要方法。

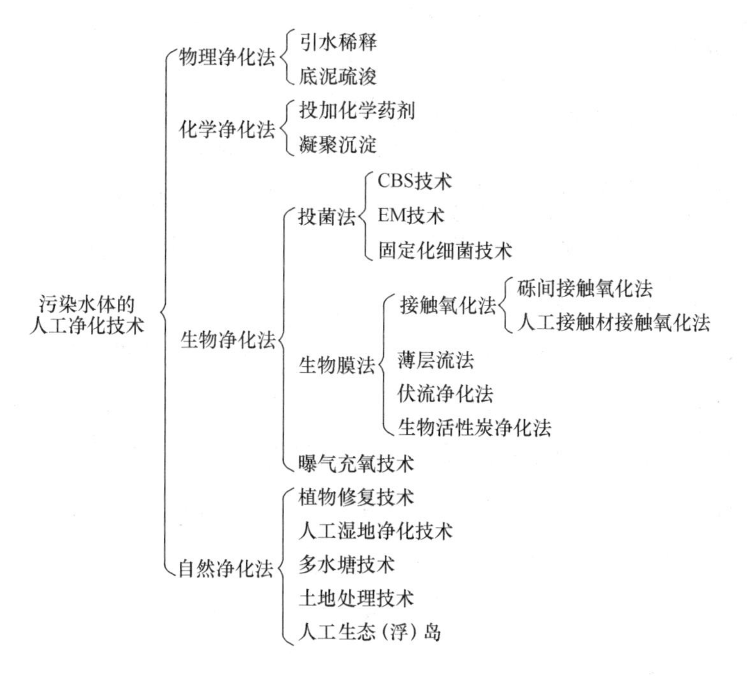

图 4-2 城市污染水体人工强化净化技术的分类示意图

4.2.1 物理净化法

物理净化法采用物理的、机械的方法对污染水体进行人工净化。该类方法工艺设备简单、易于操作，处理效果十分明显，但往往治标不治本。

4.2.2 化学净化法

化学净化法通过向污染水体投加化学药剂，使药剂与污染物质发生化学反应，从而达到去除水体中污染物的目的。如治理湖泊酸化可投加生石灰，抑制藻类大量繁殖可投加杀藻剂，除磷可投加铁盐等。化学净化法由于投加的是化学药剂，因此不仅治理费用较高，而且还易造成二次污染。由于该法单独使用效果不佳，故常与其他方法配合使用。目前该方法主要用于酸化湖泊的治理。

4.2.3 生物净化法

天然水体中存在着大量依靠有机物生活的微生物，而这些微生物具有氧化分解有机物的能力。生物净化法就是利用微生物的这一功能，通过人工措施来创造更有利于微生物生长和繁殖的环境，从而可提高对污染水体有机物的氧化降解效率。该法能逐渐恢复污染水体的自净能力。

4.2.4 自然净化法

自然净化法是根据仿生学基本原理并通过恢复水体自净功能去降解污染物质的一种方法。由于该类方法强调人与自然的和谐统一，因而成为当前国内外水体生态修复研究开发的重点。

污染水体人工强化净化技术的研究与应用虽然取得了很大的成功，但仍存在一些尚需解决的问题。主要表现在：(1) 实际应用范围较窄。该类技术目前大都应用在小的水体中，对整个水域系统自我恢复能力的强化应用还没有。(2) 应用过程中会对水域生态系统的结构和使用功能造成一定影响。如引水稀释会对引水水域和引入水水域产生一定的负面影响；生物膜技术应用时的拦坝及在污染水体中使用的载体会影响到水域的航运和泄洪等功能。(3) 净化效果不理想且耗资较大。目前的一些强化净化技术存在着净化效果不理想，有的治标不治本，被净化后的水体不久又会恢复到原来污染状态的问题，而且所需费用较高，每净化一条小河流就相当于建了一个污水处理厂。因此，该类技术还需进一步完善。

从我国经济条件和各种技术的应用情况来看，生物净化技术和自然修复技术的复合技术将是今后研究的重点。该复合技术将会综合生物净化技术净化效果好的优点以及自然修复技术强化水域生态系统自我恢复能力的优点，提高水域的自净能力，恢复水域生态系统的原来面貌。同时，为提高水体净化技术的应用水平，取得城市水体污染治理方面的新突破，还应从全流域来考虑水体的生态恢复，以及点源控制、面源截流、水体净化技术的综合应用。

4.3 污染河流的生态修复技术

目前常采用以下的几种途径对河流进行原位修复：

4.3.1 河流水体曝气复氧技术

河流水体曝气复氧（Aeration of River Water）是指向河流中进行人工复氧，可以是空气，也可以是纯氧。该技术自20世纪60年代起在一些国家得到应用。例如，1977年英国在泰晤士河上使用充氧能力10t/d的曝气复氧船，1985年又使用高达30t/d的曝气复氧船，显著提高了水体的溶解氧量，提高了水体自净能力，减小了暴雨期间地面径流排水和污水溢流等负荷的冲击影响，减少了鱼类因缺氧而窒息死亡的现象。1989年美国为了改善Hamewood运河的水质，减轻其对Chesapeake海湾的影响，在Hamewood河口安装了曝气设备，结果表明，水体底层溶解氧显著增加，河道生物量变得丰富起来。1994年德国在Berlin河上也使用了曝气复氧设备，充氧能力为5t/d，提高了河流水体净化功能，改善了水质。我国在1990年8～9月北京亚运会期间，有关部门在清河的一个河段中放置了8台11.025kW（15马力）的曝气设备，结果表明河水溶解氧的含量从0上升到6mg/L，水体BOD_5去除率达到60%，河流臭味基本得到消除。

新经港是苏州的一条支流，水体受有机物严重污染并呈黑臭状。上海市环科院于1998年11～12月在河道内的三个断面各设一个曝气点进行水体曝气复氧生物修复试验。结果表明，人工曝气显著地提高了原先呈厌氧状态水体的溶解氧含量，从而刺激了好氧土著细菌的生长。在其作用下，水中有机物COD_{Cr}和BOD_5的去除率达10.7%～22.3%左右，水体色泽由黑或黑黄色变成乳白色，底泥也由黑色转为乳白色，表明有机质氧化较为明显，沉积物中微生物由厌氧菌占优转变为兼性菌增多，并出现好氧菌。

图4-3 污染河流翻板闸溢流跌水曝气修复技术

4.3.2 生物膜技术

生物膜技术以天然材料（如卵石、砾石及天然河床等）或人工合成接触材料

（如塑料、纤维等）为载体，利用在其表面形成的黏液状的生物膜对污染水体进行净化，见图 4-4。由于载体比表面积大，可附着大量微生物，因此对污染物具有很强的降解能力。日本、韩国及一些欧美国家都有使用生物膜技术处理河道、湖泊的工程实例。如日本江户川支流坂川的古崎净化场就是利用卵石接触氧化法对污水进行净化的。古崎净化场是建在江户川河滩地下的廊道式治污设施。该设施内部放置了直径 15～25cm 的卵石，水流在卵石间流动时与卵石上附着的生物膜相接触，通过接触沉淀、吸附、氧化分解等作用可去除水中的污染物。坂川水通过净化场的净化，水质有了明显改善。

图 4-4　污染河流就地治理技术现状

4.3.3　投菌技术

投菌技术也称生物试剂添加技术（Biotic Additives），通过直接向污染水体中投加人工培养的活性微生物，即接入外源的污染降解菌，强化河流有机物的降解。利用投加的微生物唤醒或激活水体中原本存在的可以自净的但被抑制而不能发挥其功效的微生物，让它们迅速繁殖，从而可起到钳制有害微生物的生长、活动，以及消除水域中有机污染及水体富营养化的作用。该技术对底泥也有一定的硝化作用。

但是在以往污水处理中，投菌法没有得到应有的重视，主要是因为从事污水处理的技术人员长期坚信一种所谓的“普遍存在理论”，认为细菌无处不有，在某特定环境中只要给予足够的时间，就会自然产生适应这种环境的菌群，并成为在这种环境下生存的强者。投菌法理论则认为“普遍存在理论”并不完全正确，在某特定环境中自然生成的菌群虽然能很好地适应这种环境，但并不一定是这种环境中的最强者。因此，有必要投加经过筛选的具有特殊分解能力的菌种。

美国现有多家公司生产经过筛选的天然菌种或人工培植的变异菌种。产品分菌粉和菌液两种。菌粉是将所培植的菌种吸附在粉末介质上，产品包装容积小，便于堆放和运输，但其中的绝大多数细菌处于休眠状态，使用时存在一定时间的活化过程，因此效果稍差。菌液则相反，一经使用，能立即生效。其中，由 AI-ken-Murry 公司开发的 Clear-Flo 系列菌剂和 GES 公司所生产的 LLMO（Liquid Live Microorganisms）生物液具有一定的知名度。

Clear-Flo 系列菌剂专门用于湖泊和池塘的生物清淤、养殖水体净化、河流修复及污泥的去除等，有不少成功的案例。1992 年美国 Moulin Vert 水渠使用 Clear-Flo200 三个月，氨氮从 0.02mg/L 降为 0，COD 降低 84%，BOD_5 降低 74%，无毒性检出。由于菌剂不断矿化污泥，恢复了水渠自净的容量，接种处理连续几年后便完成了这一工作。1993 年用 Clear-Flo7018、Clear-Flo1200、Clear-Flo7000 修复我国昆明的一条河流。这条河由于接纳农家肥、动物粪便、渔场副产品、化粪池渗漏液、工业废水和倾倒的垃圾等，使得其悬浮有机物负荷很高，导致该河流臭气熏天，富营养化严重。治理后期氮和 H_2S 降低，污泥被分解，游离氧开始增高。

1999 年 10～12 月，由华东师范大学、徐汇区环科所和美国 Probiotic 公司共同采用美国 Probiotic 公司的水质净化促生液对上澳塘黑臭水体进行了生物修复试验，该水质净化剂中含有促进微生物生长、解毒及污染物降解的有机酸、营养物质、缓冲剂等组分。试验表明，经治理后可使水体消除黑臭；水体 COD 去除率为 50%左右，BOD_5 去除率为 70%左右；水体透明度由 20cm 上升至 70cm 左右；水体的溶解氧由接近于零提高至 2mg/L 以上，在光照条件好时甚至可达饱和。检测结果表明，表征水体受有机物污染程度的异养细菌总数下降了 1～2 个数量级，表征水体厌氧状态的反硫化细菌数减少了 2～3 个数量级。随着生物修复过程的进行，初期在促生液作用下，水体中藻类数量迅速增长，藻类的光合产氧对水体由厌氧恢复到好氧起了很大的作用，后期由于水体趋于洁净，藻类被微型动物捕食，其数量随之下降，这又对水体透明度的提高有益。水体由原先的中度污染转变为轻度或无污染水平。

4.3.4 植物修复技术

植物修复技术是以水生植物如沉水植物、浮水植物和挺水植物等忍耐和超量积累某种或某些化学物质的理论为基础，利用植物及其共生生物体系清除水体中污染物的环境污染治理技术。该技术对于控制水域富营养化问题有着非常重要的作用。

人工沉床技术正是针对以上问题而设计的一种生物—生态水体原位修复技术，该技术利用沉床载体和人工基质栽植大型水生植物（主要为挺水和沉水植物），其中大型水生植物仍处于核心地位，本系统可通过床体升降人为调控植物在水下的深度，克服水深、透明度等因素对植物生长的制约，对修复低透明度和水深较大的重污染水体具有明显优势和应用价值。图 4-5 为人工沉床技术应用于人工河道治理现场。

图 4-5　模块化气悬调节式人工沉床水体净化技术现场

人工沉床主要由基质（填料）、大型水生植物和附着在基质与植物体表面的微生物三大部分组成。人工沉床对水体的净化是一个复杂的物理、化学和生物过程，既包括植物的吸收，植物及填料的物理吸附，也包括生物化感、克菌及微生物降解等作用。在该系统中，大型水生植物仍处于核心地位。

国内外应用的植物种类均以挺水植物为主，国外最常用的植物种类是芦苇、香蒲和灯芯草，此外，黑三棱、水葱等植物也比较常用；在国内植物种类的应用主要借鉴了国外的经验，最常用的植物种类与国外基本一致，除了上面提到的植物种类外，还有伊乐藻、香根草、茭白、菹草、苦草等。

4.3.5　人工湿地净化技术

人工湿地净化技术主要利用土壤、微生物、植物生态系统的自我调控机制和对污染物的综合净化功能，使河流水质得到不同程度的改善。湿地系统处于陆地生态系统与水域生态系统的连接带，以生长沼泽植物为主要特征。繁茂的水生植物为微生物提供了栖息场所，可使湿地的净化能力得到增强。1993 年，日本为保护渡良濑蓄水池的水质，在蓄水池一侧滞洪洼地上建设人工湿地，湿地内种植芦苇并将蓄水池的水引到芦苇荡，从而通过湿地系统的吸附、沉淀及吸收作用去除水中的有机物及营养盐。自1993年开始建设人工湿地以来，不仅蓄水池水质得到改善，而且生物多样性也有所恢复。

采用人工湿地进行河流污染的修复时最主要的是要进行正确的植物选择：人工湿地植物应因地制宜选择，总体要求要耐水、根系发达、多年生、耐寒，具有吸收氮、磷量大，兼顾观赏性、经济性。目前常用的有芦苇、香蒲、菖蒲、美人蕉、风车草、水竹、水葱、大米草、鸢尾、蕨草、灯芯草、再力花等。水芹、空心菜已试用于湿地，也收到较好效果。栽种方法视植物而定，一般每平方米8～10穴，每穴栽2～3株。亦可用行距10cm，簇距15cm控制。

图4-6 人工湿地净化河流现场效果

4.3.6 人工生态（浮）岛

水体中的天然岛屿是许多水生生物的主要栖息场所，它们对水体的净化起着非常重要的作用。但由于水体的开发利用，使许多天然生态岛消失，水域生态系统遭到破坏。人工生态（浮）岛的建立就是对水域生态系统的恢复。人工浮岛是一种长有水生植物或陆生植物、可为野生生物提供生境的飘浮岛，主要由浮岛基质、植物和固定系统组成。

人工浮岛技术其内涵是运用无土栽培技术原理，以高分子材料为载体和基质，采用现代农艺与生态工程措施综合集成的水面无土栽培技术。通过水生植物根系的截留、吸附、吸收和水生动物的摄食以及栖息其间的微生物的降解作用，达到水质净化的目的，同时营造景观效果。国内外研究与实践经验表明，水体治理以水质净化为核心，生态修复的前提是生态环境改善。因此，人工浮岛的主要应用目的在于净化被污染的水质，为水体生态系统的良性恢复创造条件。

人工浮岛主要是通过以下几种途径来达到水质净化的目的：

（1）发达的植物根系有巨大的表面积，是水中悬浮态污染物和各种微生物的良好固着载体，对污染水体中有机污染物和氮磷等营养盐具有多功能的净化效果。

（2）植物可以直接或间接地吸收利用水体中的溶解性 N、P 等营养物质，将其分解，并通过木质化作用使其成为植物体的组成成分，也可通过挥发、代谢或矿化作用使其转化成 CO_2 和 H_2O，或转化成无毒性作用的中间代谢物，如木质素，贮存在植物细胞中，达到去除污染物的作用。

（3）植物可通过促进根区微生物的转化作用，石菖蒲、芦苇等能够分泌克藻化学物质，抑制浮游藻类的生长繁殖。

（4）植物光合作用过程中通过根系向水体中释放大量氧气，提高水体溶解氧含量、促进污染物的快速净化。

人工浮岛除净化污染水体外，还为高等水生动植物及鸟类提供了良好的栖息地，且有利于增加水体生物多样性，促进生态恢复。日本琵琶湖的治理经验表明，在人工浮岛的下面聚集着各种鱼类，且大多为幼鱼，通过在浮岛下面系上一些绳子可以强化人工浮岛作为鱼类产卵床的功能。一些科学家对浮岛上栖息的鸟类及其筑巢情况等也进行过调查。

例如，在日本霞浦土浦港的人工浮岛上，已发现一些鸟类的巢穴，有时为了吸引某种鸟在岛上搭窝，可以根据它们的筑巢习惯在浮岛上进行特殊布置。广东省高明区等地利用深水鱼塘特别是富营养化严重的基塘进行浮床水稻栽培，既可净化水质，又可为鱼类提供青饲料，做到种稻养鱼两不误，形成生态经济良性循环。在人工浮岛的根系上生长着大量微生物，其中包括具有降解有机物及脱氮除磷功能的各种细菌、真菌和放线菌，也有各种各样的原生动物和微型后生动物，它们固定在植物根系表面形成活性生物膜，在水体污染物净化中发挥了重要作用。

日本为进一步净化渡良濑蓄水池的水体，在蓄水池中部建了一批人工生态浮岛，并在岛上种植了芦苇等水生植物，水生植物的根系为微生物的生长、繁殖提供了场所。浮岛还设置了鱼类产卵用的产卵床，这为小鱼及底栖动物提供了栖息地。芦苇、微生物、小鱼及底栖动物等形成了稳定的植物、微生物、动物净化系统。

图 4-7　生态浮岛治理污染河流现状

人工浮岛作为水上的仿陆地生态系统，使水生和陆生植物在一个系统上得以完美的组合，使昆虫、蝶类、鸟类、两栖动物类和谐地栖息在同一个与外界相对隔离的生态系统内。相比于传统人工湿地而言，人工浮岛具有种种优点，有广阔的应用前景。然而人工浮岛还有很多可以优化的方面，比如材质的改良以利于植物及微生物吸附，可降解特异性污染物微生物的引入等。到目前为止，人工浮岛作为一种新兴的生态修复处理技术，主要只是应用于富营养化水质的净化。不过随着人工浮岛技术的逐步发展成熟，特别是与其他污水处理技术的结合，人工浮岛将被应用到更为广泛的污水处理和生态修复过程当中。

5 池塘污染的生物修复技术

由于农村居民的环保意识淡薄，且没有法律法规的限制，没有职能部门的监督，按照多年的生活习惯肆意堆积大量的生活垃圾，产生的生活污水也直接排入水体，农肥以及农药也随雨水冲积汇入池塘，造成池塘水体污染，且由于池塘水的不流动性，污染物在池塘中富集，污染程度日益加深。

生物修复是指受污染环境中的污染物在自然条件或可控制条件下，通过各种土著生物、外来生物或强化生物（突变体和基因工程转化体等）作用转化为无毒物质或对该污染环境无害化的一种生物净化过程。对于农村池塘的污染应尽量采取生物修复，以保证池塘生态系统的完整以及稳定性，使得池塘能够恢复养殖以及景观作用。

5.1 池塘水体的生态特点

池塘水量大，水力停留时间长，池塘水更新速度慢，因此池塘生态系统的恢复比河流复杂。池塘恢复应考虑水域生态系统的整体性，包括与河流、湿地和周围陆地环境的相互影响。池塘具有十分复杂的生态系统，一般将这个生态系统划分为三个不同类型的区域：池塘滨带、浮游区和底栖区，它们各自拥有不同类型的生物群落。

1. 池塘滨带

池塘滨带通常生长着大量的草类植物，又称为“草床”，是池塘与陆地的交接区域。许多天然池塘具有大面积的池塘滨带，其植物生长受土壤肥沃程度、浅水积泥、悬浮泥沙沉积、植物腐烂积累等因素的影响。从功能上来说，池塘滨带可以截流地面径流中的泥沙等悬浮物质，吸收地面径流中的营养物质，减少其对池塘水体的影响。池塘滨带植物可以为各种动物提供良好的栖息地和大量的食物，促进生态系统的良性循环。但过度茂盛的池塘滨带植物也会产生大量的有机物，每年大量的根生植物和附着藻类腐烂后产生的有机物可随水流进入池塘，将影响水体的水质，甚至加剧池塘的富营养状态。

2. 浮游区

是池塘水域的主体。高等水生植物是常见的植物，根据其生长形态可划分为沉水植物、漂浮植物、浮叶植物和挺水植物等。沉水植物包括马来眼子菜、苦草、金鱼藻、轮叶黑藻、狐尾藻等；漂浮植物主要是浮萍；浮叶植物包括菱、睡莲、杏菜；挺水植物包括芦苇和莲等。水生高等植物在生长过程中，能够将一部分溶解性、悬浮性和沉积性的营养物质吸收固定在植物体内，可以通过定期收割移出水体之外，在一定程度上降低水体的富营养化水平。植物还能够通过与藻类竞争营养，遮挡光线能量，抑制藻类的繁殖生长速度。但是，如果在池塘中任由它们自由生长、堆积和腐烂，最终将导致池塘的沼泽化。

水体中生长着大量的浮游植物、浮游动物和鱼类等，形成了典型的生态食物链。浮游植物以阳光为能量来源，以无机状态的C、N和P等为营养元素，繁殖生长，为池塘提供有机质，称为生产者。在池塘中最主要的浮游植物是藻类，以绿藻门和硅藻门为主。一般情况下，藻类数量年均值在105～108个/L范围之间。浮游区可能会被一种或几种高度适应的藻类所控制，容易形成“水华”。

池塘常见的浮游动物以原生动物和轮虫最多。大多数的浮游动物易被鱼类捕食消化。浮游动物以水中的溶解状或颗粒状有机物以及藻类细菌等为能量来源，分布在整个水体区域。

池塘中通常生活着多种鱼类，由于具有经济价值，传统上受到人类的重视。根据统计，常见的主要鱼类约有25种，主要是鲢鱼、鳞鱼、青鱼、草鱼和鲤鱼等。鱼类在池塘水库中起着消费者的角色。例如，鲢鱼以大量浮游植物为食，将其转化为鱼粪并沉积至水底，从而抑制浮游植物的数量。

3. 底栖区

在底栖区，生活着丰富的底栖动物，包括水蚯蚓、羽苔虫、湖螺、田螺、蜻蜓幼虫、摇蚊幼虫和水丝蚓等。微生物也在底栖区存在，起着分解作用，将沉积有机物体分解，使之变为动植物能够重新吸收的营养元素，然后扩散传输至表水层或有光层。在通常的自然条件下，池塘的生态系统可以处于平衡状态。但人类活动会直接或间接地影响池塘生态系统结构功能的改变，使池塘环境质量下降。引起池塘生态系统变化的主要因素有以下几个方面：①营养盐类和有机物质的过量输入，引起池塘富营养化；②池塘水文条件和物理状况的变化，如水位的改变；③由于不适当农业生产和采矿活动引起的水土流失；④有毒的重金属和有机化合物以及农药等的污染和富集；⑤由于大气污染和酸性尾矿的排入使池塘酸化；⑥外来物种的引入等。

5.2 污染池塘的修复技术

我国农村地区池塘的污染主要是在养殖过程中，因养殖方式或养殖技术等方面原因，造成对池塘水体环境的污染。造成池塘污染主要有以下几方面原因：一是药害，由于水产疾病防治技术滞后及养殖户用药知识匮乏等原因，导致许多养殖者使用价廉、残留严重的农药、鱼药及化工原料，造成对养殖水体的污染。二是残饵，饲料质量较差或投饲过多、方法不当造成对水体污染。由于片面追求产量，放养密度增大，投饲量也随之增加。如投喂植物性饲料，由于水温不高、鱼儿摄食不旺、水体流失等原因，导致饵料过剩，大量沉淀，影响了水体的自净能力，增加了水体中有机物的污染。三是排泄物，由于高密度养殖，投喂的饵料多，相对排出的粪便也多。加之水环境的日益恶化，病毒、细菌大量繁殖，造成对池塘水体的污染等。

污染的水环境会导致细菌、病毒大量繁殖，引发疾病。同时，池塘淤泥中的有机物质在缺氧条件下，发酵分解会产生大量的中间产物，如 NH_3-N、H_2S、NO_2^- 等。这些物质的产生，不仅直接危害养殖生物，还会使池塘底质和水质变化，pH 值下降，从而间接影响养殖生物的新陈代谢和生长发育，轻者引起养殖生物生长缓慢、饵料系数增大、养殖成本上升，重者引起生物中毒死亡，造成巨大经济损失。

从技术上，消除池塘污染的关键在于削减池塘水体中 N 和 P 以及底泥中有机 C、N 和 P 的负荷，消除水体中造成藻类、细菌疯长的基础，达到降低水体中藻类生物量和提高水体透明度的目的。

削减池塘水体 N、P 及有机 C 负荷的技术途径除了消除点源（截流污染源并施行清污分流）、减少和控制面源污染这类最基本的途径外，目前最常用的方法还包括机械清淤法，另外引水冲洗和生物修复法也是有效的方法。池塘生物修复包含微生物修复、水生植物修复、生态修复几大类。对污染池塘的修复治理需要采取全局综合性的治理手段才能获得总体的治理效果。

5.2.1　微生物修复

与污染河流的生物修复一样，污染池塘的生物修复也分为以强化土著微生物功能的曝气修复和添加外来微生物的投菌剂修复。

深水曝气是曝气修复的常用方法，其目的通常有三个：①在不改变水体分层的状态下提高溶解氧浓度；②改善冷水鱼类的生长环境和增加食物供给；③改变底泥界面的厌氧环境为好氧条件，降低内源性P的负荷等。可用的方式有三种：机械搅拌、注入纯氧和注入空气。

机械方式曝气包括将深层水抽取出来，在岸上或者在水面上设置的曝气池内进行曝气，然后再回灌深层。这种技术应用并不普遍，主要原因是空气传质效率比较低，成本比较高。注入纯氧能够大幅度提高传质效率，但是容易引起深层水与表层水混层。空气曝气包括空气全部提升或者部分提升。全部空气提升是指用空气将水全力提升至水面然后再释放，而部分提升仅是空气和深层水在深层混合，然后气泡分离。有关的研究和实践表明，全部空气提升系统与其他系统相比，成本最低且效果最好。

从实际应用情况来看，曝气系统能够有效地增加深层水的溶解氧，一般可以达到7mg/L，同时NH_3-N和H_2S也能够得到降低，可使厌氧环境转变为好氧环境。内源性P负荷的降低通常并不理想，而且其控制效果也不稳定，一旦停止曝气，内源性P浓度会重新增加至曝气前的水平，因此对富营养现象的改善或者对藻类生长的控制可能并不如预期的那样理想。研究发现，曝气还会影响水体生物，深层水由于从厌氧转变为好氧，相应增加了如食草生物的生存空间，可能会有助于控制藻类等富营养化生物的生长。

通过添加外来微生物的投菌剂进行污染池塘水的修复也是近年来得到重视和发展的方法。除了在前面已经介绍的几种生物制剂外，还有由美国CBS公司开发的生物制剂CBS（集中式生物系统，Central Biological System）以及日本学者开发的EM高效复合微生物菌群（High Effective Complex Microorganisms）等。

微生物修复技术是20世纪80年代以来出现和发展的治理环境污染的微生物工程技术。它以微生物的代谢活动为基础，通过对有毒有害物质进行降解和转化，修复受破坏的生态平衡以达到治理环境的目的。微生物可以将受污染水体中的有机物降解为无机物，对部分无机污染物如NH_3-N进行还原从而去除。为了充分发挥微生物在污染物降解和转化方面的作用，目前有两种方式：一是补充污染物高效降解微生物，可以使用具有某种特定功能的菌群，也可以从受污染水体和底泥中分离筛选后富集培养，再返回受污染水域，还可以利用基因工程菌接合转移；二是为土著微生物提供合适的营养和环境条件，合适的营养和环境条件可以激活生长代谢缓慢或处于停滞状态的土著微生物，使其重新具有污染物高速分解的能力，进而对水中污染物进行去除。

1. 利用微生物进行污染水体的原位修复

原位生物修复技术（Insitu Bioremediation Technology）是近些年来开发出并广泛应用于受污染地表水体、地下水、近海洋面及土壤修复的一项新技术，其中利用微生物进行污染水体的原位修复已经成为水体污染治理技术发展的主流。原位生物修复技术不需要搬运或输送污染水体（包括底泥和岸边受污染的土壤），而是在受污染区域直接进行水体的原位修复，这一过程主要依赖于被污染水体微生物的自然降解能力或人为创造的适宜微生物降解的条件。污染物降解的主体——微生物一般采用经过人为驯化和培养的微生物以及商品化的适宜微生物菌剂，也可以通过向水体中投加营养物质、无毒表面活性剂、电子受体等来激活水环境中本身存在的具有降解污染物能力的土著微生物，通过以上两种手段强化污染物的微生物降解，从而达到水体原位修复的目的。

利用蔬果类浸出液也能对污染水体进行原位生物修复。浸出液富含氨基酸、维生素等生长因子，能促进微生物的生长，促使水体中的微生物加速消化分解污染的有机物，降低NH_3-N和总P的浓度，提高水体的自净程度。有研究表明玉米、土豆和番薯三种蔬菜的浸出液对微生物生长都有一定的促进作用，其中番薯浸出液对水体微生物生长的促进作用不太明显，浸出液对水体微生物生长的促进作用与其投加浓度有关，并且混合浸出液对微生物生长的促进作用强于单一组分。有结论显示蔬果类浸出液在景观水体原位生物修复中具有一定的生物修复效果。

2. CBS水体修复技术

CBS（Central Biological System，集中式生物系统的简称）技术是由美国CBS公司开发研制的一种高科技生物修复技术，是在无固定设备且完全自然的状态下，在流动的水体中，用喷洒微生物的方法把被污染的河道水体中有机物转化为无机物的全过程。它能够唤醒水体中原有益微生物或激活被抑制的微生物，并使其大量繁殖，把污染水体中的有机物变成无机物。主要包括光合细菌、乳酸菌、放线菌、酵母菌等构成的功能强大的菌团。

（1）CBS的作用机理

在治理中所添加的生物制剂无毒无害，只是用于唤醒或者激活池塘污水中原本存在的、可以自净的、但被抑制而不能发挥其功效的微生物，通过它的迅速增殖，同时还能强有力地钳制有害微生物的生长和活动。

（2）CBS的作用

1）解决有机污染及水体富营养化：CBS生物制品投入水体后，能有效地唤醒水体中原有益微生物，并使其大量地繁殖，进而分解水中的有机污染物，促进N的反硝化作用，加速P的无害化，并锁定水体中重金属元素，从而解决水体污染和富营养化问题。

2）使水体除臭去黑：水资源的污染和恶化还表现在水质的变黑发臭上。恶臭作为环境公害逐渐被人们所重视。水体的恶臭使人们头晕、厌食和恶化。长期生活在恶臭水域环境附近会使人们患上许多疾病，甚至癌症。如何根除恶臭已成为环保领域的重大研究课题。在发黑发臭的水体中投入CBS生物制剂后会很快达到除臭去黑的效果，没有残留和二次污染。

3）硝化底泥：水体水质的严重恶化除了富营养化之外，在通常情况下还与水体淤泥迅速和大量的累积紧密相关。这种淤泥通常转为水体污染的内源，如何有效地解决淤泥，是中外科技人员非常关心的大事。CBS系统系利用向河道中喷洒的生物菌团使淤泥脱水，让水和淤泥分离，然后再消灭有机污染物，达到硝化底泥、净化水资源的目的。

（3）CBS水体修复技术的优势

1）完全采用生物净化技术、细菌本身无毒无害，无二次污染。

2）能有效地降低富营养化水体中的N、P含量，控制富营养化的加剧，能有效改善水体生态系统物质循环和能量流动，使生态系统进入良性循环。

3）水体修复见效快，在短时间（24h）内就可以增加水体透明度，消除水体的臭味，在短期内改善其他水质指标。

4）该技术适用范围广，可以应用于内陆河流、城市河段、大型淡水湖泊、大型水库、地下水等范围的水体修复。

5）在修复全过程中，CBS系统能够不间断地接纳在允许值范围内的、未经彻底处理的被污染的水源。

6）CBS系统在修复过程中，不需要大规模土建等基本建设设施，不影响原有的自然景观，开创了在自然状态下，边排边治理的先河，其治理费用更是为目前社会主流方式成本的1/10，其先进的科学技术是目前世界各国的水体污染治理技术都无法达到的。

3. 基因工程菌修复富营养化水体

随着基因工程技术、微生物基因组学和遗传学技术的发展，我们可以按照自身的需要，有目的、有计划地通过基因克隆、转化及表达等方式构建自身所需要的新生物种，打破物种间的界限，使一种生物的遗传信息在另一种生物体内得以表达。利用现代分子生物技术，可以构建出具有特殊降解功能的基因工程菌（Genetically Engineered Microorganism，GEM）。它具有高耐毒性、高降解活性，用于污水处理时生长繁殖迅速，絮凝性能好，有特异或广谱降解污染物的优良性状。与此同时，随着代谢工程的发展，应用于环境保护的GEM最重要的研究方向是：运用重组DNA技术，将具有新的催化活性的目的基因导入受体菌，构建新的代谢途径，使其产生高效的生物降解能力。而利用转基因技术，增强植物修复能力，也将是未来的研究热门。

虽然基因工程菌用于污染物处理的研究成果令人鼓舞，具有很大的发展潜力，但另一方面克隆过多的基因会加重微生物的代谢负担，引起生长缓慢，质粒丢失等现象，同时复杂的基因操作和抗生素的使用也给实际工程应用带来了很大的困难。还有一个颇具争议的话题是：当基因工程菌流入自然环境以后，是否会对人类自身的生存和生态环境的平衡造成不利影响。

尽管基因工程菌的构建和应用还存在一些问题，还不完美，但只要进一步深入研究，它对净化环境、保护人类健康将产生巨大的作用。随着生物工程技术的发展，基因工程菌在有机物降解的应用中必将日趋完善。

5.2.2 水生植物的生物修复

池塘水生植被（Aquatic Vegetation）由生长在浅水区和周滩地上的沉水植物群落、浮叶植物群落、漂浮植物群落、挺水植物群落及湿生植物群落共同组成（如图 5-1 所示），这几类群落均由大型水生植物组成，俗称水草。水草茂盛，则水质清澈，水产丰盛，池塘生态稳定。水草缺乏，则水质浑浊，水产贫乏，池塘生态脆弱。池塘水生植被的重要环境生态功能已经为人们所认识，保护和恢复水生植被已被作为保护和治理池塘环境的重要生态措施。

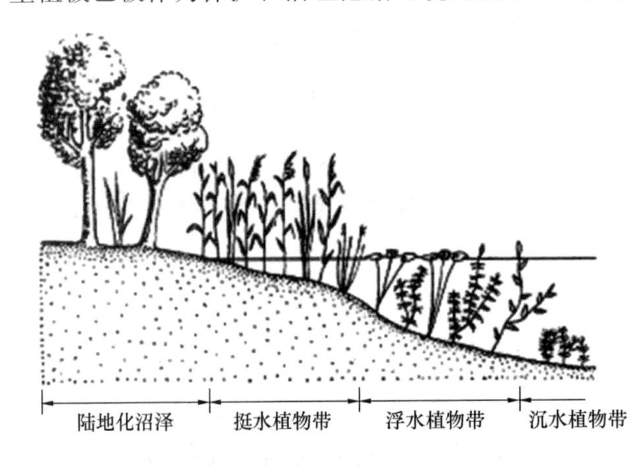

图 5-1 池塘边水生植物群落结构示意图

水生植物对污水的生物修复是指利用绿色植物及其根际微生物的共同作用，清除环境污染物的一种新型原位治理技术，其机理主要是利用植物及其根际土著微生物的代谢活动来吸收、积累或降解和转化环境中的污染物。水生植物具有很强的纳污、治污生态功能，充分利用它们的这种能力，可以有效地对污染水体进行修复。大量的实验证明，植物能有效地削减污染成分，恢复水生态系统，提高水体自净能力。

水生高等植物具有生长快的特点，能大量吸收水体中的营养物质，为水中营养物质提供了输出的渠道；水生高等植物提高了水体溶解氧，为其他物种提供或改善生存条件；提高透明度，改善景观；同时水生植物对藻类具有克制效应，可抑制藻类的生长，起到改善水质的作用；水生植物还能为经济水生动物提供栖息、繁衍、素饵育肥的场所。与物理、化学方法相比，植物修复具有操作简单、投资少和不易造成二次污染等特点。

水生植被修复包括人工强化自然修复与人工重建水生植被两条途径。前者是指通过对池塘环境的调控来促进池塘水生植被的自然恢复。后者则是对已经丧失了自动恢复水生植被能力的池塘，通过生态工程的途径重建水生植被。重建水生植被绝非简单的“栽种水草”，也并非要恢复遭受破坏前的原始水生植被，而是在已经改变了的池塘环境条件的基础上，根据池塘生态功能的现实需要，依据系统生态学和群落生态学理论，重新设计和建设全新的能够稳定生存的水生植被和以水生植被为核心的池塘良性生态。水生植物的生长以年为周期，水生植被的建设要经过从无到有、从有到优，最后达到稳定的过程，需要比较长的时间。在水生植物的基本生存条件遭到严重破坏的池塘，重建水生植被还需要改造环境，创建适合水生植物生长的生态环境条件，有时需要借助系列工程措施才能实现。

1. 水生植物的选择

利用水生植物净化污水的效果主要依靠植物运送氧气到根区的能力，因此选择合适的水生植物种类在净化污水过程中至关重要。应用于植物修复的植物，需要有很强的耐污能力和适应性，能在污染环境中生存、生长。而在污水处理中，更是需要植物有一定的抗涝抗旱能力，能在水淹和干旱两种生境中存活；对于处理含有金属元素的废水，还要求植物有吸附、吸收和累积金属的能力。所以，寻找生物量大、适应性强和具有累积效应的植物将是未来的发展方向。

（1）挺水植物（emerged plant）

挺水植物即植物的根、根茎生长在水的底泥之中，茎、叶挺出水面。大多数挺水植物有根系，其余小部分没有。它们的根摇曳于水中，通过体内吸收、根系吸附水体污染物质，显著改善污水水质。挺水植物常分布于0～1.5m的浅水处，其中有的种类生长于潮湿的岸边。这类植物在空气中的部分，具有陆生植物的特征；生长在水中的部分（根或地下茎），具有水生植物的特征。挺水植物能通过根和茎叶分别从底质中和水中吸收N、P营养物质并将其固定在体内。常见的有：芦苇、千屈菜、水葱、水芹、茭白、水生美人蕉、荷花、香蒲等。试验表明这些挺水植物对TN，TP，COD_{Cr}，NH_3-N等都有不同程度的较好的去除效果。

（2）浮叶植物

浮叶植物也称浮水植物，指漂浮在水面上的植物。其体内多贮藏有较多的气体，使叶片或植物体能平稳地漂浮于水面，气孔也多生于叶片的上表面。浮水植

(a)　　(b)

图 5-2　芦苇和香蒲

(a) 芦苇；(b) 香蒲

物中有的是根状茎埋生于水底泥中，而叶片漂浮水面，如睡莲；有的是根生于水底泥中，茎细长，抽出水面，水面上茎的节间缩短，浮水叶密集于茎的顶端，叶柄具气囊，如菱等。实验研究表明浮叶植物能改善水质、提高水体透明度、增大底栖动物的多样性等，也能降低 TN、TP 的浓度，降低叶绿素及藻类的含量，从而抑制藻华现象的发生。

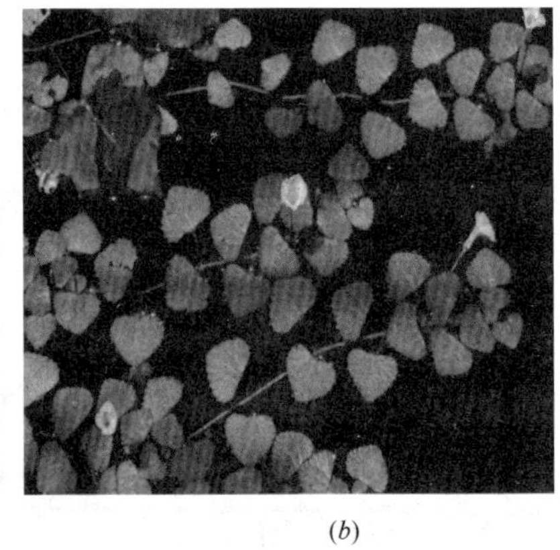

(a)　　(b)

图 5-3　柔毛齿叶睡莲和荇菱

(a) 柔毛齿叶睡莲；(b) 荇菱

(3) 飘浮植物

漂浮植物又称完全漂浮植物，其根不生长在底泥中，整个植物体漂浮在水面上的一类浮水植物。这类植物的根通常不发达，体内具有发达的通气组织，或具有膨大的叶柄（气囊），以保证与大气进行气体交换。如槐叶萍、浮萍、满江红、水葫芦（凤眼莲）等。

(a) (b)

图 5-4 槐叶萍和水葫芦

(a) 槐叶萍；(b) 水葫芦

通过研究福建闽江水口库区飘浮植物覆盖对水体环境的影响，可知及时打捞库区漂浮植物，将漂浮植物控制在适当的量对改善库区水体环境有益（库区水体的透明度增加；水体富营养化水平降低等），但如果漂浮植物不受控制地生长，覆盖整个库区水体表面将导致库区水体环境的恶化，水生生态系统将受到破坏。

（4）沉水植物（submerged plant）

沉水植物是指整个植株都生活于水中，并只在花期将花及少部分茎叶伸出水面的水生植物。它们的根有时不发达或退化，植物体的各部分都可吸收水分和养料，通气组织特别发达，有利于在水中缺乏空气的情况下进行气体交换。这类植物的叶子大多为带状或丝状，适合静水水体的沉水植物主要有狸藻、茨藻、小茨藻、菹草等。

沉水植物通过光合作用向湖水释放大量氧气，有利于湖水保持较高的溶解氧含量，从而净化水质。同时，由于沉水植物整个植株都处于水中，根、茎、叶等都可以吸附水中的营养物、重金属元素及一些悬浮物质。在浅水湖和江河口处，沉水植物在调节生态系统的动态变化方面发挥着重要作用。它们能稳固沉淀物，支持一些附生藻类植物吸收水中的营养物，能够在 pH 值较高和具氧化沉淀物的环境中，通过与 Ca 元素的共同沉淀作用来加速去除水中的 P。因此在浅水湖中，

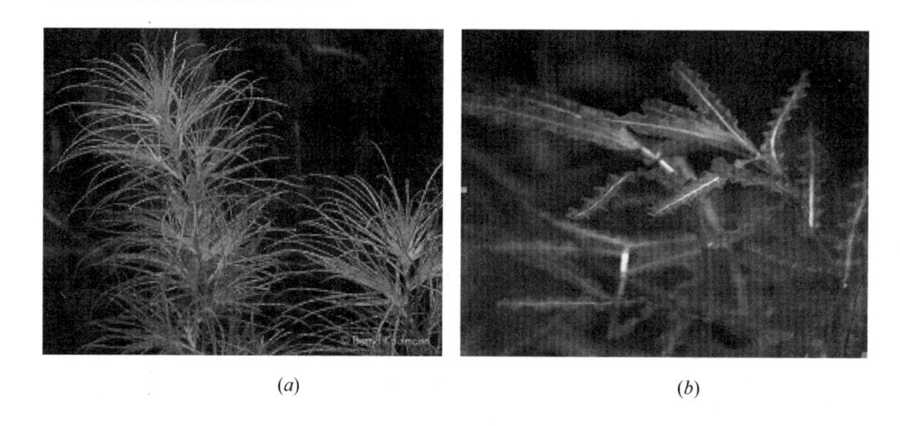

(*a*)　　(*b*)

图 5-5　茨藻和菹草

(*a*) 茨藻；(*b*) 菹草

沉水植物分布较密集的区域都具有特别清澈的水质，营养物浓度低，浮游植物少。此外，大型沉水植物与甲烷氧化菌相结合的生物群落能降低沉淀物中 CH_4 气体的浓度，并减少湿地环境中甲烷气体的释放量。沉水植物还能吸收水中的重金属离子，并降低水体的化学需氧量（COD_{Cr}）。例如金鱼藻可以作为一种有效去除 Zn^{2+}、Pb^{2+}、Cu^{2+} 等离子的生物吸附物；菹草是一种对环境变化耐性较强的沉水植物，在 COD_{Cr} 值较高，水质污染严重的水体中仍能生长发育，对 COD_{Cr} 有一定的清除作用，能够用来清洁水质，改善水环境。

（5）藻类

藻类植物的种类繁多，目前已知约有 3 万种，大多数生活于淡水或海水中。作为一种易得的生物资源，藻类正在被应用于食品、生物燃料等领域，在污水处理方面的作用也越来越受到重视。藻类能够有效地去除引起富营养化的 N 和 P。藻类的分子式近似为 $C_{106}H_{263}O_{110}N_{16}P$，在生长过程中以 CO_2 为碳源，吸收污水中的 N、P 等营养物质，通过藻类细胞中的叶绿素的光合作用产生藻类自身的细胞物质，完成细胞增殖并且在这个过程中释放出氧。并可以通过光合作用，把污水中 NH_4^+、NO_3^-、NO_2^-、$H_2PO_4^-$ 等无机离子和尿素等有机物质所含有的 N、P 等元素缔合到碳骨架上，形成藻类细胞，同时由于光合作用增加了 pH 值，也可以对污水起到消毒作用，减少大肠杆菌及有毒细菌数量。

藻类对重金属离子有较强的富集能力，利用藻类富集重金属离子是很有潜力的化学处理方法的替代。有研究表明微藻对 Au^+、Ag^+、Cu^{2+}、Pb^{2+}、Ca^{2+}、

Cr^{2+}、Cd^{2+}等多种重金属离子有很好的吸附作用，藻类的细胞壁是具有高度选择性的半透膜，结构特点决定了藻类本身就可以吸收和富集重金属，其富集量可以达到其本身干重的10%。

藻类还可以有效地富集和降解多种有机化合物如碳氢化合物、有机氯、农药、烷烃、偶氮染料、淀粉、酚类、邻苯二甲酸酯和金属、有机污染物等。藻类对有机物的降解和对N、P的吸收作用主要体现在产生“藻菌共生体”，协助好氧菌分解有机物，其自身以N、P为原料合成复杂有机物供给自己需要。

藻类技术的推广一直受到限制，主要是因为它存在着一些弊端：需要较大的占地面积，需要光照和温暖的气候条件；藻密度难以提高，生物量收获困难等。因此更深入的研究工作应该集中在提高藻类浓度、提高系统工作稳定性和降低成本等方面。

一般来说，水生植物对净化水质起了很好的作用，但有些种类如凤眼莲对重金属等多种有毒物虽具有很强的净化功能，若管理不当，却反受其害。一是其繁殖快，蔓延迅速，有损观瞻；二是老化的植株沉入湖底，腐烂后富营养化，形成二次污染。因此，要适时打捞，控制生长。还有荷花及少数沉水植物到了生长后期，也要进行割除清理，因为在植物生长期，N、P集中于茎叶，植物地上部分的N、P含量高于地下部分，在植物衰亡期营养物会从地上部分转移到地下部分，衰亡植物腐败分解后会对水体造成二次污染。定植应用时，在植物衰亡期到来之前收割植物，可以最大限度将污水中的N、P带出系统。否则，年年积累，就会造成重复污染。

2. 水生植物的布置

水体的污染正直接影响着人类的生存环境和社会的可持续发展，而植物能有效地消减污染成分，恢复水生态系统，提高水体自净能力。在利用植物对污染水体进行修复时，应根据生态设计的原则，对各植物进行合理的种间搭配，以保证植物处理系统对多种污染物的净化效果和其自身的稳定性。

植物的配置和布局要遵循区域分异、生态适应性原则，整体优化、功能需求原则，生物多样性、和谐共存原则等，布置在岸边、岸坡、消落带、水面、水底的植物在生态型、生活型上应有所不同。水生植物配置时，应根据湖床的形状，水位由浅及深，按次序种植挺水植物、浮叶植物、沉水植物及飘浮植物。除了遵循自然规律和考虑目标功能、注重生态效益外，其他的景观要求和经济效益也不能忽略。因此在设计规划时，也得根据景观设计的要求，配置不同高度、不同形态的物种，给人以美的享受。

目前对植物修复机理有一些比较深入的研究，但是应用于系统的工程实践还不够迅速。一方面由于植物修复性能有一定波动性，在不同的环境条件下会有差异，同一种操作方式应用于不同处理工艺，效果往往有好有坏。另一方面，当植物的去污能力达到饱和或到了凋亡季节，植物体的清除也是比较费时费力的工程。虽然植物修复有不少突出的优点，但是究竟如何将它更有效地用于工程实践，还需要进一步的系统研究。

5.2.3　生物操纵修复

生物操纵（Biomani Pulation）的概念最早由 Shmpiro 提出，该法的基本思想是采用调整生物群落结构的方法来控制水质。主要原理是通过调整鱼群结构，保护和发展大型牧食性浮游动物，从而控制藻类的过量生长。鱼群结构调整的方法是在池塘中投放或发展某些鱼种，而抑制或消除另外一些鱼种，使整个食物网适合于浮游动物或鱼类自身对藻类的牧食和消耗，从而改善池塘的环境质量。目前，美国、加拿大和欧洲一些国家在这方面都进行过一些定量研究。这种方法不是通过直接减少营养盐负荷的办法改善水质，而是通过减少藻类生物量的途径达到减少营养盐负荷的效果，效益可持续多年。

Shmpiro 等人总结了一个简化的水生食物链模式，即肉食性鱼吃小型滤食性鱼、小鱼吃鱼虫；另外，底层鱼类可促进营养物质的再循环，促进藻类的发展。即：肉食性鱼类→浮游生物食性鱼类→浮游动物→藻类→营养物质←再循环←底食性鱼类。通常情况下，浮游动物食性鱼类主要捕食大型浮游动物，使池塘中大型浮游动物等减少或消失，从而有利于小型浮游动物等的发展。在没有浮游动物食性鱼类捕食的情况下，大型浮游动物占优势，大量滤食藻类和碎屑，可限制或减少藻花的形成。根据这一原理，生物操纵法提出用鱼食性鱼类取代浮游动物食性鱼类，从而保护大型浮游动物。底层鱼类的活动对底泥氮磷释放有促进作用，所以应限制底食性鱼类的发展。根据一系列的池塘和池塘实验证实，重建鱼类群落的办法是有效的。此外，利用浮游植物食性鱼类（如鲢鱼）直接牧食藻类，或利用草食性鱼类（如草鱼）直接牧食水草，也是生物操纵的重要途径之一。

Shmpiro最新提出的生物操纵的定义为：生物操纵是指应用池塘生态系统内营养级之间的关系，通过对生物群落及其生存环境的系列调整，从而减少藻类的生物量，改善水质。

生物操纵与生态工程的概念相似，都是在研究生态系统的优化管理技术和方法。但生态工程强调的是通过不同营养级生物的调整组合，使生态系统结构功能趋于协调，最大限度地促进物质的循环再生和多级利用，达到防治污染的目的。生物操纵则强调对种群及其生境的调控，主要是控制藻类的发展，防止水体发生富营养化。由于生物操纵没有涉及系统的协调、物质的循环再生与多级利用问题，因此其应用范围较窄。

进行生物操纵的主要途径包括：

(1) 人为去除鱼类。先将池塘中的鱼类全部捕出或杀灭后，重新投放以肉食性鱼类为主的鱼类群落，控制浮游动物食性鱼类，保护浮游动物，进而控制藻花的发生。

(2) 投放肉食性鱼类。引入肉食性鱼类控制浮游生物食性鱼类，进而促进大型浮游动物发展，借以抑制藻类的繁殖。许多实验表明这种方法对改善水质有明显效果。引用的肉食性鱼类有河饼、北方狗鱼、虹鳝和大嘴黑贵鲈等。

(3) 水生植被管理。国内外应用草鱼控制水草的工作做得很多，大部分都证明有效，而且费用低、长期有效，对环境无害。草鱼成鱼专吃水草，食量大，生长快，喜温性，耐低氧，是控制水草疯长的优良鱼种。应用草鱼控制水草的关键是放养量。放养太少，水草控制不了；放养过多，水草被吃光，可产生负效应。水草对净化水质和抑制藻类发展有重要作用，还可为大型浮游动物提供庇护场所，因此，单纯使用草鱼控制水草保护水质的途径是不可取的。但浅水池塘一般水草比较繁茂，放养少量草鱼还是有益的。

(4) 投放微型浮游动物。微型动物直接以藻类为食，通过投放微型浮游动物，能抑制藻类的疯长。微型动物通常在专用的水池中，通过人工培养液，大量快速繁殖，然后直接投放在目标水域。目前，该种方法还主要限于实验室规模的研究。

(5) 投放植物病原体和昆虫。投放植物病原体和昆虫是一种有效地控制水生植物的方法。利用植物病原体和昆虫具有如下优点：植物病原体多种多样包括病毒、病菌、真菌、支原体和线虫等，多达10万余种，而且大多数是有针对性的，容易散播，可维持自我繁殖。例如，在美国曾将一种培养的真菌和两种甲虫引入路易斯安那州的水体，使其水生植物的过度生长得到了控制。

从实际实验结果来看，生物操纵也不一定都能达到控制藻类过度繁殖的目的，因此，生物操纵的概念目前还是湖沼学界的争论焦点之一。尽管如此，多数学者仍然认为它是湖泊生物管理的一条重要途径，有些问题需要进一步深入地进行研究。生物操纵过程中，鱼类、底栖动物等在对水的净化作用中起到了至关重要的作用。

1. 鱼类对污水的修复

主要通过污水—浮游生物—鱼的生态系统达到净化污水和饲养鱼的双重目的。污水中的C、N、P等营养物作为浮游植物的营养物，浮游动物吞食浮游植物，鱼类吞食浮游植物。在光合作用下浮游植物繁殖，同时提高水中溶解氧含量，一些细菌分解水中有机物，使水质获得改善。污水养鱼可采用直接法和间接法两种形式：直接法是鱼类直接养在污水塘中；间接法是塘中先培养那些浮游动物，然后捞出一定量的浮游动物作为饵料投入养鱼塘，鱼类不直接与污水接触。

鱼类根据它们的食性不同可分为杂食性鱼类、滤食性鱼类和草食性鱼类。其中鲤鱼等为杂食性，其耐污能力强，能生活在中污带的池塘，鲫鱼甚至能到多污带和α-中污带的过渡区寻食废水中的食物残肴。滤食性鱼类有鲢、鳙等鱼种，以水草和大型藻类，如金鱼藻、茨藻、蓿草等为食。草食性鱼类对水质的进一步净化有一定作用，滤食性鱼类可以以藻类为食，从而减少塘出水中的藻类。草食性鱼类可以加速C、N、P等营养物质，微量元素和无机盐通过食物链的迁移转化，能建立良好的物质流和能量流平衡。

2. 螺、蚌等底栖动物对污水的修复

底栖动物指生活史的全部或大部分时间生活于水体底部的水生动物群，具有易于识别、分布广泛、生活周期较长、区域性强的特点。底栖动物是水生态系统的重要生态类群，在调节物质循环和能量流动中发挥着重要的功能。

贝类是底栖动物的一种，属滤食性动物，以外界进入体内的水流所带来的食物为营养。利用贝类净化水质是根据生物控制（Biomanipulation）原理进行的，其主要机制是通过高营养级生物滤食水体中的浮游植物和有机碎屑，从而间接降低水体中 N、P 等营养盐含量，并最终使水质得以净化。研究表明，贝类对环境介质中的重金属、无机和有机污染物和放射性污染物具有较强的吸收和富集作用，并能通过生物沉积作用去除水体中各种营养元素和悬浮物，达到净化水质的效果。利用贝类进行水体的污染治理和净化有两种情况：利用贝类对重金属和有机污染物的吸收和富集直接去除水体中的污染物；利用贝类滤食性进食方式，通过对藻类、悬浮物和浮游生物的利用，增加对营养元素的消耗，加快 N、P 等营养元素向沉积物中的迁移，抑制和治理水体的富营养化。

螺和蚌也属于底栖动物，对污水治理也有一定的效果。三角帆蚌（hyriopsiscumingii）对水中的 Cr、Pb、Cd 等重金属有较强的耐受力，对水体污染有明显的净化能力，且对池塘中叶绿素 a 和悬浮物改良效果非常明显；河蚌和田螺能有效降低水体中 N、P 含量，并且对化学需氧量、叶绿素 a、藻类和细菌都有很好的去除效果；褶纹冠蚌（cristariaplicata）和赤豆螺（bithyniafuchsianus，俗称螺蛳）对水体中悬浮物、叶绿素 a 都有很好的消除效果，对控制富营养化水体具有积极作用。

5.2.4 底泥环境疏浚修复

池塘污染底泥是池塘污染的潜在污染源，在池塘环境发生变化时，底泥中的营养盐会重新释放出来进入水体。尤其是对城市池塘，长期以来累积于沉积物中的氮磷总量往往很高，在外来污染源存在时，氮磷营养盐只是在某个季节或时期会对富营养化发挥比较显著的作用。然而在池塘的外来污染源全部切断以后，底泥中的营养盐会逐渐释放出来，仍然会使池塘发生富营养化。

底泥中 N 的释放取决于氮化合物分解的程度。氮化合物在细菌的作用下可以相互转化，不同形态的 N，其释放能力不同。溶出的溶解态无机氮在沉积物表面的水层中进行扩散。由于表面的水层含氧量不同，溶出情况也不同。在厌氧条件下，以氨态氮溶出为主。在好氧条件下，则以硝态氮溶出，其溶出速度比在厌氧条件下快。

磷的释放与其化学沉淀的形态有关。底泥中的磷主要是无机态的 PO_4^{3-}，一旦出现利于钙、铝、铁等不溶性磷酸盐沉淀物溶解的条件，P 就会发生释放。一般情况下释放出的营养盐首先会进入沉积物的孔隙水中，并逐步扩散到沉积物的表面，进而向上面的水层进行混合扩散，从而对池塘水体的富营养化发生作用。针对西湖的研究结果，每年沉积物中磷的释放量可达 1.3t 左右，相当于年入湖磷负荷量的 41.5%。安徽巢湖磷年释放量高达 220.38t，占全年入湖磷负荷量的 20.90%。南京玄武湖磷释放量占全年排入量的 21.5%。从以上几个例子中不难看出，沉积物中磷的释放对水体 P 浓度的补充，是一个不可忽视的来源。尤其是对采取了截污工程措施以后的池塘，这种来自沉积物中的磷，其重要性是不言而喻的。因此，国内外都采取多种方法对污染底泥采取工程措施，对城市附近污染底泥堆积深度很厚的局部浅水域，环境疏浚工程技术最为普遍，效果也最为明显。

环境疏浚旨在清除池塘水体中的污染底泥，并为水生生态系统的恢复创造条件，同时还需要与池塘其他的综合整治方案相协调。

5.3　修复工艺的优化

对于农村池塘水质的净化处理，不单单只利用某种工艺对其进行修复，还可以因地制宜，综合各方因素，合理利用各种生物修复条件将修复工艺进行优化，使其效果更佳。修复工艺的优化包括优化处理工艺和运行条件，进一步扩展微生物修复的范围；将微生物修复和各种物理化学方法综合利用起来，例如将物化方法应用于微生物修复的前处理中，提高污染物的可生化性，能使微生物修复技术得到更广泛的应用；采取混养、种养殖耦合或多塘系统优化方式进行食物链控制；进一步开展菌群间的协同作用机制和菌剂使用安全方面的研究，积极开发复合菌群建立水域的微生态平衡，并联合水生植物、有益藻类共同作用于水体的生态修复，使被污染的水体达到生态的自然平衡，实现水质的健康持续改善。

6 农村雨水的收集与利用技术

雨水是旱区农业的主要水源，发展集雨农业是一种主动抗旱的高效用水方式，其潜力巨大。雨水利用是一项古老而又有巨大潜力的技术，主要是在水资源贫乏，且受地形、地质、水文等条件限制，很难修建骨干水利工程的地区，采取一定的工程措施收集、储存和调节利用雨水的小型水利工程。2700 年前春秋时期黄土高原地区已有引洪漫地，600 多年前已有水窑。现行的池塘、隔坡梯田、水窖、保水耕作、覆盖及农作技术等都属雨水集蓄利用。近年来，随着全球性干旱加剧与水问题突出，国际上成立国际雨水利用协会（IRCSA），已召开了 10 届国际会议。以色列、澳大利亚、美国、印度、伊朗等国家已将雨水利用作为面向未来的战略选择。日本等一些工业化发达国家用雨水补调城市供水，并制定《旱田地区雨洪利用》指南。

就农村水利而言，雨水集蓄利用主要用于缓解水资源紧缺、解决农村生活用水问题，实施补充灌溉，提高农作物产量，改善生活生产条件，促进农村经济发展。我国的农民在长期的抗旱实践中，积累了丰富的利用雨水的经验，创造了水窖、水窑、水池等小型和微型蓄水工程形式，用于解决生活饮水问题。20 世纪 80 年代末，在我国西北、华北、西南有关省区的缺水山区以及沿海岛屿兴建的雨水集蓄工程，就是应用现代技术对这些传统的蓄水方式进行的改造。把雨水集蓄工程的应用范围从单纯解决饮水问题扩大到了农业灌溉上，大大提高了雨水利用效率。我国北方一些省（区）雨水利用实践进展很快。甘肃“121 工程”、宁夏“窑窖工程”、内蒙古“112 工程”和陕西“甘露工程”共新增水窖 100 余万眼，已形成具有一定区域特色的旱区农业模式。甘肃“121 工程”，已解决 25 万户农民生活用水和庭院经济需水，1997 年发展集雨节灌农田 3.5 万 hm^2，成为中国集雨农业的典范。发展集雨农业被认为是解决水土流失和提高旱作生产力的一个结合点，也是旱区发展“小水利”和节水农业的一条新途径。

6.1 人工汇集雨水工程的特点

一是蓄水设施较为分散。雨水汇集的蓄水设施分布主要取决于集流场的位置，黄土高原地区集流场多为硬化地面或防渗处理的场地，包括农家屋顶庭院及晒场、公路、街道，部分山坡（经过夯实或加膜防渗处理）等。因蓄水设施多以农户为单元所建，尽管公路两边布设密度较大，有些地方还采取多个并联和串联，但水源相对有限，因此就蓄水设施整体分布而言，较为分散。

二是储水量有限。雨水汇集产流量主要取决次降雨量和降雨强度在黄土高原地区年降雨量 250～550mm 的半干旱地区，丰水年产流 15 次左右，平水年约 10 次，枯水年不足 5 次。为了提高蓄水保证率和设施的利用率（即年重复蓄水次数），蓄水设施的容积不可能太大，就目前农户所建的蓄水窑而言，其容积多在 25～50m^3之间，每窑每次可利用最大的水量为 20～40m^3。

三是自然和社会经济条件较差。黄土高原地区的集雨蓄水工程大都远离水源丰富的河谷川道，分布在干旱少雨、水资源缺乏的掠区和缓坡丘陵地带。由于缺水，制约了当地社会经济发展，农业生产基础设施较差，除位于村镇附近的集雨工程外，道路两边及山坡地带处的集雨工程大都缺乏动力设施配套，因此这对汇集雨水的利用带来诸多不便。

6.2 农村雨水收集利用的意义

1. 改善生存条件，增加农民收入。雨水集蓄利用工程使农民从繁重的背水劳动中解脱出来，发展了生产力，提高了生活质量。河南荥阳市贾峪镇梁沟村一农户家 4 口人，平时饮水困难，干旱时要到 2km 以外拉水、挑水，2001 年大旱因缺水只得买水吃，一家人一天需花 4 元买水费，负担很重。之后该县在项目经费中投资 2030 元帮助他家修建一个 40m^3的水窖，不仅解决了饮水问题，还可以利用多余的水发展庭院经济，仅种菜收入一年就有 500 多元。

2. 促进了农业结构调整。雨水集蓄利用的实施，使许多缺水地区农民有条件种植高效经济作物，发展庭园经济，极大地促进了种植结构的调整。四川省干旱地区兴建雨水集蓄利用工程后，不少农户开始种植蔬菜、瓜果，有些农户还办起了养猪场、养鸡场及生产酱油、醋的作坊，取得了良好的经济效益。

3. 改善了生态环境。雨水集蓄利用工程使农民由广种薄收逐步走向精耕细作，合理开发利用水土资源，有利于在水土流失区实施退耕还林还草，遏制对生态环境的破坏。广西凤山县弄雷屯建成54处地头水柜后，改田2.93hm²，粮食年总产量增加1.8万kg。同时，种竹子16hm²，封山育林160hm²，池边种葡萄250株，改善了周围的生态环境。

6.3 农村雨水的收集方法

农村收集雨水的主要目的首先是解决人、牲畜饮用水源，其次是发展小规模灌溉。通过雨水收集利用的广泛开展，雨水被留住或回渗地下，减轻了洪水灾害的威胁，且地下水得以回补，水环境得以改善，生态环境得以修复。雨水收集利用其系统组成和工程模式如图6-1所示：

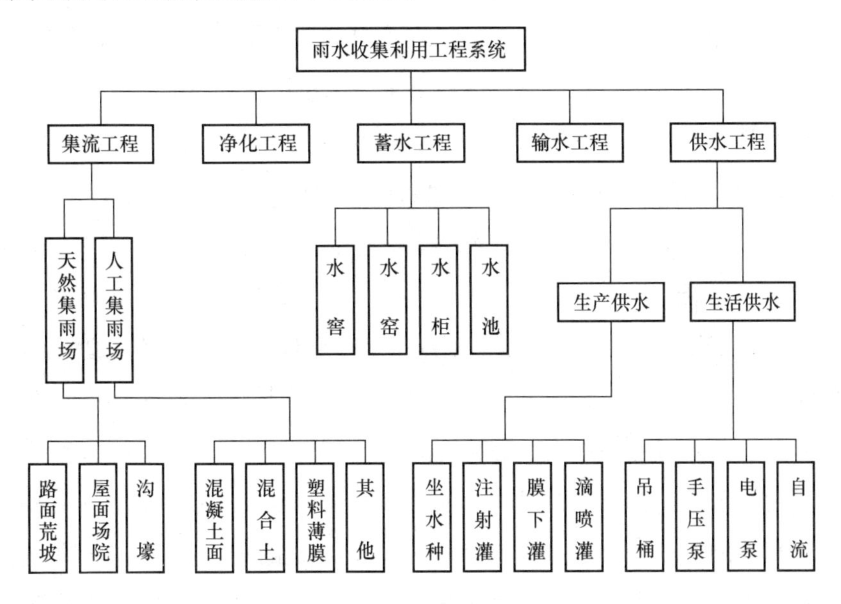

图6-1 雨水收集利用其系统组成和工程模式

1. 系统组成

雨水收集利用工程一般可分为集流工程、蓄水工程和供水工程三个部分。集流工程由集流面、汇流沟、输水渠和沉沙池组成。集流面应尽量利用自然坡面，如屋顶、庭院、公路和各种道路、碾场。主要有混凝土集流面、塑料薄膜集流面、原土夯实集流面等形式；蓄水工程有水窖、水窑、水柜、水罐、水池和塘坝等多种形式。其作用是通过蓄存雨水，解决作物用水供需错位的矛盾，做到秋雨春用、蓄余补欠；供水工程根据雨水集蓄工程的用途，分为生活供水和生产供水两类。生活供水一般采用吊桶、手压泵、微型电泵或自流取水。生产供水采用滴灌、喷灌、点灌和坐水种等节水灌溉方式。

2. 主要工程模式

雨水收集利用工程应用较多的几种模式：屋顶、庭院集流＋水窖＋手压泵（微型电泵、吊桶）；自然坡面、路面集流＋水窖（水窑）＋坐水种（滴灌）；自然坡面、路面集流＋水池、水塘、小水坝＋点灌（坐水种）；自然坡面集流＋水池＋喷灌（点灌、坐水种）。

6.3.1 蓄水设施类型

蓄水设施是水量储存和调节供水最主要的手段。最受农民欢迎的蓄水设施是家庭用的地下储水水窖。农民家庭的地下水窖就建在庭院周围，节省了大量取水时间，并且地下蓄水设施蒸发损失小，水源污染的可能性小，农户自己管理，使用时间长，当蓄水量充裕时还可以浇灌菜园，因此很受农民欢迎。结合传统水窖，又有许多新型适用的地下水窖类型，这些水窖主要有：

1. 半球形水窖

半球形水窖结构如图 6-2 所示。在地下挖一半球形土坑，修整边壁，先用黏土草泥裹一层，再用水泥砂浆抹面以防渗。地面以上适当加高，用木料建造屋架，茅草盖屋顶。窖底预埋供水管和清洗排水管，在水窖一侧下挖一矩形槽，形成阶梯以自流取水。为清洗方便，水窖顶盖上预留人孔。在地面设水窖溢流管，溢水管口用铁网包紧，以防野生动物进入水窖和蚊虫滋生。水窖顶部设进水口，直接与屋面集流槽用管道连通。地下半球形水窖的特点是，可以建在土质比较疏松、地基承载力较差、土层砂石含量大的地区。这种水窖开挖比较容易，体积可根据圆周直径调节。几处示范点的半球形水窖容积为 6～15m^3。为了减少蓄水设施的渗漏损失，最廉价的防渗处理就是用黏土泥在水池内壁裹一层，也可以采用水泥、石膏粉以及塑料薄膜等材料进行防渗。为减少蒸发损失，防止动物、昆虫进入水窖，要求水窖加盖封顶。

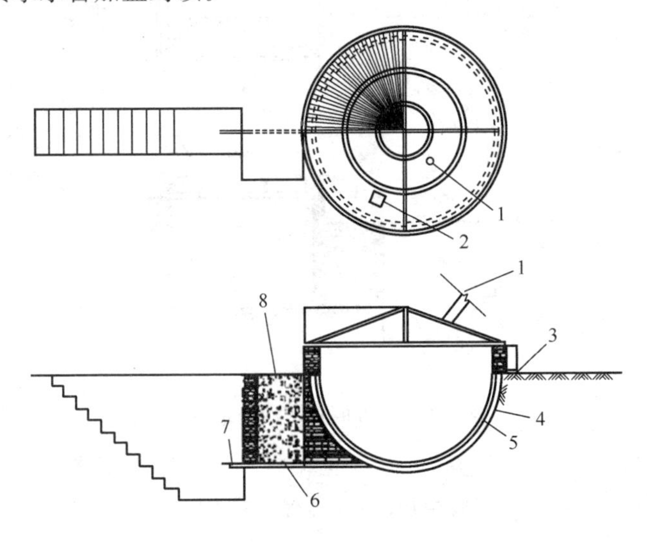

图 6-2 半球形水窖结构示意图

1—输水管进口；2—50cm×50cm 人孔；3—溢流管；4—5cm 厚水泥砂浆；5—10cm 厚黏土泥；6—供水管；7—供水管阀门；8—回填土

2. 长方形水窖

地下长方形水窖结构如图 6-3 所示。与半球形水窖相比，长方形水窖开挖更加容易。在地下挖一矩形立方体即可，而且水窖底面及边壁平整，设置防渗层比较容易，特别是用塑料薄膜进行防渗时直接在底面铺膜和边壁挂膜都比较容易。但缺点是如果水窖深度过大，边壁稳定性变差，而且在长方形的四角施工及防渗施工都难以处理。长方形水窖地面以上的屋架、茅草屋顶、窖底供水管、清洗排水管、自流取水、水窖顶盖人孔、地面溢流管、水窖顶部进水口等均与半球形水窖相同。

长方形水窖深度最大挖深 130cm，矩形平面尺寸 190cm×250cm，在矩形一侧挖以 70cm 宽、500cm 长的深槽以取水。防渗层施工时先以 2cm 厚的草泥抹池底、池壁，然后将塑料薄膜按水窖形状粘合并铺挂在水窖边壁为防止边壁塌落，在地面以上建一圈梁压紧塑料薄膜，窖底四周用水泥砂浆固定塑料薄膜，最后加盖水窖屋顶。

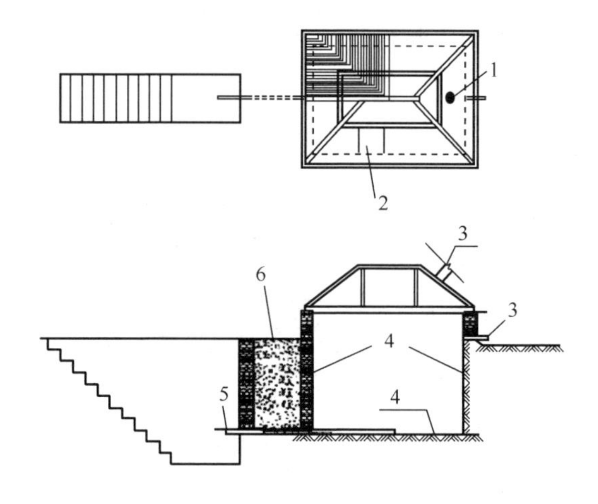

图 6-3 长方形水窖结构示意图

1—进水管；2—50cm×50cm 人孔；3—溢流管；4—防渗塑料薄膜；5—供水管；6—回填土

3. 加长半球形水窖

与半球形水窖相比，加长半球形水窖容积增加。为了防止因水窖加深使边壁塌落，在半球以上部分用砖或块石浆砌，在半球形部位，用 5cm 厚水泥砂浆(1∶3)抹面，半球以上部位用三合土（水泥、砂、黏土）(1∶2∶3) 抹面，为防水在整个表面粉刷一层水泥浆。加长半球形水窖地面以上的屋架、茅草屋顶、窖底供水管、清洗排水管、自流取水、水窖顶盖人孔、地面溢流管、水窖顶部进水口等均与半球形水窖相同。

4. 半椭圆形水窖

半椭圆形水窖容积较大，常常建成开敞式的。根据肯尼亚的应用，这种水窖深度约 1m，长度 4m 左右，用剑麻纤维与水泥砂浆混合抹面，最后用水泥浆粉刷一遍，保持阴干，28d 后可以使用，半椭圆形水窖结构如图 6-4 所示。

5. 油罐形水窖

油罐形水窖结构如图 6-5 所示。这种水窖外形类似火车油罐，横断面为圆形，纵向较长，蓄水容积较大，建造比较容易，经久耐用。建造过程与一般水窖相同，防渗采用剑麻纤维加水泥砂浆抹面，厚度 5cm，水窖底部向取水口方向倾斜，保持 0.25%的坡度。水窖上半部分使用拱圈模板砌砖，也可以建好下半部分后填土作土模砌砖，最后将土从井口挖出，再粉刷上半部分池壁。

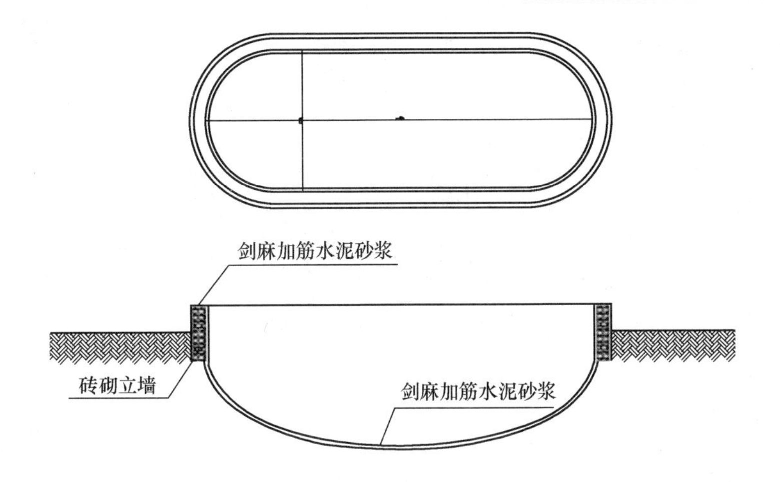

图 6-4 剑麻加筋防渗的半椭圆形水窖结构示意图

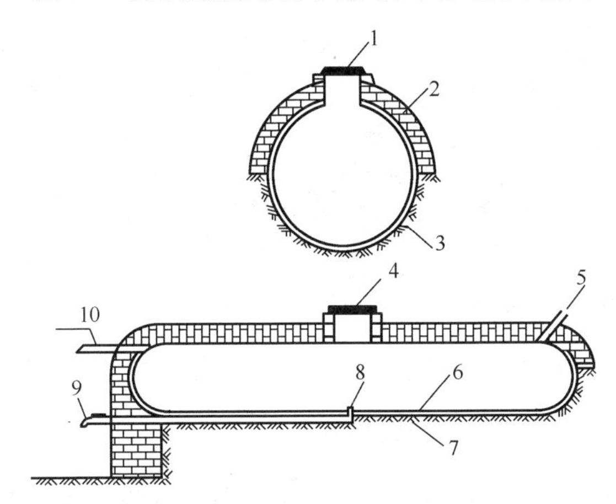

图 6-5 油罐形水窖结构示意图

1—井盖；2—砖砌；3—原土；4—井盖；5—进水口；6—防渗水泥砂浆；

7—原土；8—出水口；9—出水阀；10—溢流管

6. 鹅卵形水窖

鹅卵形水窖结构如图 6-6 所示。经验表明，选择水窖的结构类型一定要结合具体应用地区的实际，包括自然条件和社会文化条件。首先尽可能利用当地材料以减少建造成本，便于推广，但应注意材料的耐性。其次，地下水窖形式应便与地基承载力相适应，水窖建造和管理应简便易行。埃塞俄比亚许多地区家庭用具、器皿都喜欢圆形和近似圆形的样式，例如陶土水缸、厨房用草编浅盘、圆柱加斗笠帽的传统民宅等。因此，圆形（球形或半球形）作为埃塞俄比亚文化传统熟悉的形状，选择类似圆球形的鹅卵形水窖符合传统习惯，人们熟悉这种形状及其建造技术，而且圆形水窖内壁受压均匀。

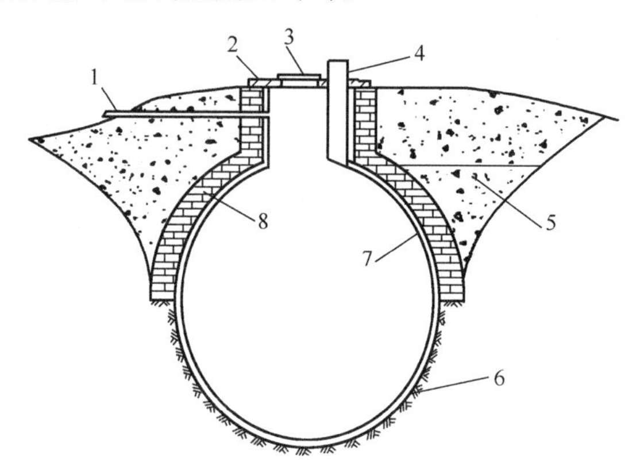

图 6-6　鹅卵形水窖结构示意图

1—溢流管；2—钢筋混凝土井圈；3—井盖；4—进水管；
5—回填土；6—原土；7—水泥砂浆；8—砖砌

建造地下水窖时尽管结构形式变化大，但总的要求都是一致的，这些要求包括：

（1）水窖不能选择在大树周围，也不能在水窖周围种植树木，以防止树根穿破水窖防渗层；

（2）水窖不能选在厕所、污水池附近；

（3）水窖应加盖顶，以防风将沙尘、昆虫吹入水窖，也可防止老鼠、蜥蜴、青蛙进入水中；

（4）水窖的所有开口，如进水口、人孔、溢流口等均应加装丝网，以防蚊虫进入水窖；

（5）人孔的大小应满足清淤要求；

（6）利用屋面集雨时应避免初始雨水进入水窖，利用初始雨水冲洗屋面上的沙尘、鸟粪、死亡昆虫等；

（7）集流槽应经常保持清洁，防止因大雨损坏进水管；

（8）水窖内要保留一定的水量，以防变干，在池壁产生裂缝。

6.3.2 山区集雨工程措施

1. 利用生态修复的办法，恢复绿色植被，提高山丘蓄水能力

要在山区集雨，拦蓄雨水径流，减少地面径流，一个主要措施就是尽快恢复自然生态环境。根据多年的经验，采用封山育林的效果很好，禁止开荒、砍柴、伐树并制定严格的抚育制度。同时要有计划地休牧、轮牧，圈养牛、羊等牲畜，以利于恢复植被与发展畜牧业的同步进行。通过自然修复坡面、沟壑、小河道范围的植被，可使覆盖率有大幅度的提高，特别是绿色生态环境的恢复可以减缓雨水对地面的冲击，因为植被的重要功能就是承接雨水，使地表径流变为地下潜流。树冠和植物可以截留雨水，降雨的40%～60%可以沿树根、植物根系或裂隙导入地下成为地下水，666.7万 hm^2 植被良好的山区小流域蓄水量就相当于一座100万 m^3 容量的水库。

2. 运用植物措施和工程措施相结合的方法，有效改善山丘的不良结构，增加集雨量

为在山区有效集雨，进行综合防治，形成自上而下的防治体系就成为最直接、易见效的重要手段。坡面用鱼鳞坑、水平槽、梯台田和竹节壕等整地，并栽植乔灌木或经济林果，间种优良饲草，这些措施能把大部分降水拦蓄在坡面上。坡面林草等植物长高生效后，可拦蓄40%～60%的降水，这些水能被有效地储存起来。其余水流向沟壑和小河道，在沟壑、小河道布设谷坊、塘坝，拦蓄顺坡而下的泥水。这样既可以起到多层次拦蓄降水的目的，又能为发展经济林果提供充足的水源。这些综合治理措施，能阻止和延缓地表径流的产生，削弱主河道洪峰流量和洪峰冲击的规模，还能有效利用水资源，变水害为水利，达到治标治本的目的。

6.3.3 其他蓄水方法

1. 集雨面

生活雨水集蓄利用最常用的集雨面是屋面。屋面的结构和材料影响着屋面收集雨水时的稳定性和收集的雨水的质量。屋面的材料主要有瓦楞铁、石棉板、各种瓦和石板等。这些材料都比较适合作为屋面收集雨水。在雨水集蓄利用较多的

重庆地区，瓦楞铁的应用日渐增多。

2. 集雨槽

集雨槽就是收集雨水的装置。集雨槽的主要作用有两个：一是将屋面收集的雨水聚集起来；二是将聚集的雨水输送到贮存设备内，例如各大中小型蓄水池。集雨槽的材料和形状多种多样，有工厂生产的专业集雨槽，也有家庭用竹子、铁皮或其他材料自制的集雨槽；其断面形状有半圆形、矩形、三角形等。为了降低系统的造价，在雨水集蓄利用较多的重庆的地区常采用本地区可获得的价格较低的材料，如用镀锌的薄铁皮经剪切和弯折而成为等腰三角形断面的集雨槽。

3. 地下储雨池

用于收集屋顶、庭院和地面的雨水，储雨池的结构主要为钢筋混凝土，并设有去除初期雨水、过滤、沉淀池等装置。容积规模可视情况在 1～100m^3之间。这种储雨池还需要收集、输送系统，因此，技术要求高，投资较大，需要列入建设计划或融资修建。适用于机关大院、企事业单位家属区、街道居民区和各类开发区等。

4. 地上储雨容器（桶、罐）

多用于收集屋顶雨水，所收集的雨水主要用于庭院洒水、浇灌花草，节约自来水。储雨容器主要为铁桶、塑料罐和其他容器等，体积一般都小于 1m^3。根据水的用途可以考虑安装或不安装初期雨水去除器。这种储雨装置可以直接接在雨落管上，制作简单，适合一般居民楼、平房或四合院采用。

5. 雨水就地叠加利用技术

雨水就地叠加是近几年新兴的一种田间直接利用雨水的技术，就是在修建集流面、蓄水窖比较困难的干旱、半干旱山区的坡耕地和梯田上，利用覆膜技术和膜侧种植技术，就地集雨，就地利用，达到集水、保墒、抗旱的目的。这种叠加利用技术的特点在于，非种植区的天然降雨供给种植区作物生长利用，具体运用时要充分考虑当地的天然降雨量、气候、作物种类，在不同类型地区对不同作物具有不同的利用模式。在进行雨水就地叠加利用种植模式时，主要是根据当地气候、降雨量年内分配、地膜集流效率及作物生育期需水情况来确定。常规的做法是在天然降水量 400mm 左右地区的田地中，间隔 30cm 左右，覆膜 40cm 左右，在膜垄的两侧种植作物。这种方法比常规方法空地面积大，采光、通风条件优越，水分比无覆盖的田间多出近一倍，作物生长良好，单产高出普通大田。

6. 透水地面渗透。把不透水的地面砖换成透水砖，通过透水砖的孔隙吸收雨水；并通过透水砖下面铺设碎石、沙砾、沙子组成的反滤层，让雨水渗入到地下去。

7. 渗水井渗透。把雨水管引入渗水井渗入地下。

8. 利用草坪渗透，围绕草坪周围垒起约 10cm 的高沿，或将草坪地面降低，作成下凹式绿地，承接和回渗雨水。

9. 人工湿地处理收集雨水

人工湿地根据类型与结构的不同可分为表面流人工湿地、潜流人工湿地和复合垂直流人工湿地。其中潜流人工湿地具有较高的水力负荷率和去除率，在管理控制得力的情况下不会产生异味和滋生蚊蝇，而且在等量污染负荷和水力负荷条件下，潜流型人工湿地占地面积远小于自由表面流人工湿地，因此是人工湿地设计中最常使用的结构形式之一，参见图 6-7。利用湿地具有的高生产力的特点，通过人工建造的土壤—植被系统净化污水。在一定长宽比及地面坡度的洼地中，填充一定的填料（如土壤、砾石、碎石、砂等）形成填料床，在床表面种植具有处理性能好、成活率高、抗水性强的水生植物（如芦苇、香蒲、灯心草、大米草等），从而构成一个独特的动植物生态系统。由于湿地具备固定营养物、移出有

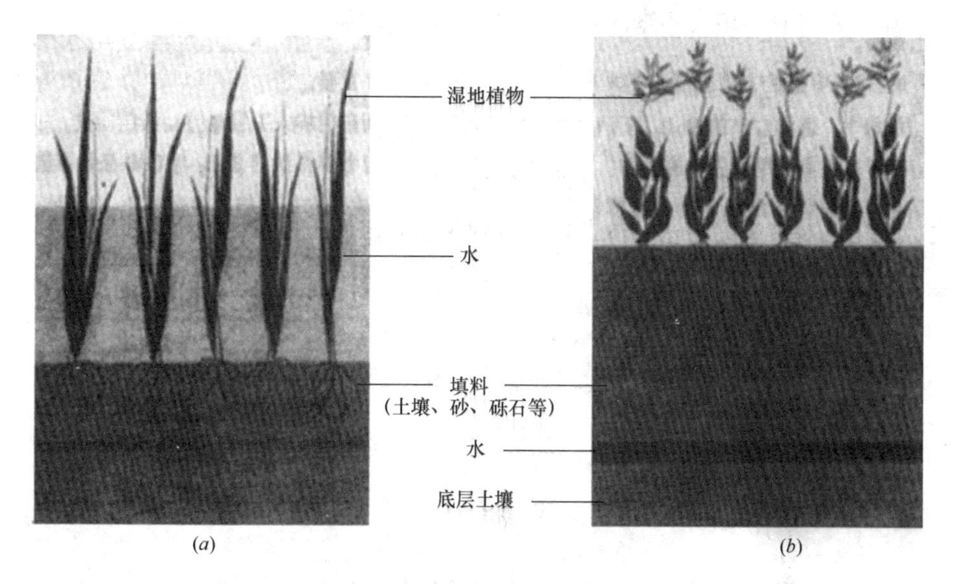

图 6-7 两种湿地系统断面示意图

（a）自由水面湿地系统；（b）潜流湿地系统

毒物质和移出、沉淀沉积物的功能，因而可以形成一种水污染控制和净化的设施。与传统的污水处理系统相比，人工构建湿地处理污水系统具有低投资、低运行费、低能耗，不需复杂的维护技术，但去除率较高的特点。通过人工湿地的应用，将大大减少对水质治理的费用，并且可以达到明显的效果。

6.3.4 水源的净化设施

窖水来源于雨水，是比较干净的。但在集结和收水过程中，难免要混入污水脏物，还可能溶解一些矿物元素，使窖水变得不够干净。此外水窖储存的雨水量是很有限的，为使集蓄的雨水充分发挥效能，并为先进的节水灌溉技术（如滴灌等）所引用，应针对不同的水源采取相应的过滤净化措施。沉沙池和过滤池在雨水集流工程中属水质净化配套设施，二者均采用纯物理手段消除泥沙，以改善水质，且一经修建长久受益，管理运行简便。因此，为了使集蓄的雨水尽可能满足不同灌水方式的要求，修沉沙池和过滤池，做好入窖前的净化工作是十分必要的。

下垫面上所带来的泥沙草屑能否在沉沙池中有效沉积，直接关系到窖水质量的好坏、水窖清淤工作量的大小以及用水窖作水源的微灌系统灌水器的使用寿命。由于水窖是一项极小型的水利工程，沉沙池应如何设计，过去未曾受到人们足够重视，其结构形式也多种多样，极不规范。归结起来，常见有矩形或梯形断面的单厢式，或者正方形断面的井式。这类沉沙池由于没有经过科学试验，沉沙效果普遍较差。因此，对入窖沉沙池进行科学试验，选择合理的结构形式，并使之标准化，对推进集雨这一古老技术的健康发展，将具有重要的理论意义和现实意义。

6.4 农村雨水的利用方法

6.4.1 开展大规模的集雨造林工程

开展大规模的集雨造林工程，修复水资源环境本区水资源时空分布极不均匀，干旱时天无雨，下雨时山洪暴发的状况。因此，保持水土，修复水资源环境的根本出路在于加大植树种草的力度，迅速进行大规模的区域性植树种草，充分发挥林草涵养水源、调节径流、保持水土等综合生态功能，修复水资源蓄水空间，使水资源环境向高生态效益的方向发展。集雨蓄水设施是一个完整集水系统的重要组成部分，它可以有效地达到有序的聚集和分散坡面径流的目的，促进雨水的资源化利用。

6.4.2 利用田间工程和水利工程集雨蓄水

一是利用地面及小型水利、水保工程拦蓄、山区要充分运用林草植被、梯田、水平沟和水池、水窖、谷坊、塘坝等水土保持工程截蓄利用雨水；平原地区一要充分利用地埂、地堰、林网畦田等田间工程拦蓄雨水，减少洪涝灾害；二要利用河渠、坑塘、田间和小型工程拦蓄不了的雨水，用平原的河渠、洼淀、坑塘调引存蓄起来；三是大力发展引洪淤灌，引用汛期洪水淤灌农田既可增加农田的水肥，又可减少洪水和泥沙对下游的危害，值得在山区大力推广；四是引蓄河道基流，实行春旱冬抗，冬季利用河道基流冬灌，存蓄或在寒冷地区搞蓄水养水，实行春旱冬抗，增加部分水源。

6.4.3 家庭水窖的建设

据试验观测，一个 $60m^3$ 左右的水窖，一次性投入的成本仅约 0.2 万元，但却可基本解决一个农户家庭一年当中最干旱季节（1～3 月）的人畜用水问题，社会经济效应均十分显著。在年降水量 300mm 的情况下，人均建成 1 眼水窖即可保证跨年度大旱时期的人畜饮水。

6.4.4 道路雨水利用

据山西省水土保持科学研究所在晋西黄土丘陵沟壑区的测定：5°～6°的山区道路，每 $100m^2$ 产生的年径流量为 $6\sim8m^3$，即每 $1hm^2$ 道路年产生径流量 $600\sim800m^3$。因此，道路雨水利用的潜力比较大。

道路集蓄的雨水经过自然净化和水质处理后，可用于人畜饮用、农业灌溉、绿化等。以绿化为例，在很多情况下，公路绿化用水主要来自于自然降雨。利用道路排水设施集蓄的雨水，采用滴灌或喷灌等节水灌溉方式发展道路两侧绿化，不仅可以大大改善道路沿线的生态环境，还可以降低由于高速行驶对司机视觉产生的紧张和疲劳，减少交通事故的发生。公路集蓄雨水还可以发展道路沿线的果园种植业。黄土高原沟壑区果园主要沿道路两侧分布，合理布设蓄水设施，利用收集的雨水，采用适宜的节水灌溉方式发展果园种植业，对促进公路沿线农业经济的发展意义重大。

6.4.5 秋季塑膜覆盖土壤保墒技术

在通过雨水就地叠加技术实现了空间上的叠加之后，如何在时间上实现对雨水的重新分配和再利用（不借助工程条件），成为重点研究的另一个问题。通过实践，秋季塑膜覆盖土壤保墒技术（简称秋覆膜保墒技术）在生产中收到了很好的效果。该技术是结合秋耕而采用的一种土壤覆膜保墒技术，将蓄存在土壤水库中的秋季降水，通过塑膜覆膜，最大限度地加以保护，以减少秋冬初春土壤水分损失的一种措施。采用秋覆膜技术的前提是土壤中必须有足够的水分含量。根据生产实践，土壤中的含水量不应小于10%，太小失去保墒意义。

6.4.6 塑料大棚雨水高效利用技术

近年来，塑料大棚种植在山区发展迅速的主要原因，是采用了以塑料大棚棚面集雨、棚外水窖蓄水、棚内高效灌溉用水的自给灌溉新技术，从而解决了大棚内作物的灌溉用水问题，使得这一技术在山区应用推广中收到了显著的经济效益。

6.5 雨水利用的水质控制

用以上方法收集来的雨水并非是纯净的水。雨水水质控制是现代雨水利用不可忽视的问题。影响雨水质量的原因主要有这么几个方面：

一是由于大气的污染，直接由降水带来的污染物。从部分城市降雨水质分析结果看，天然雨水中含有的污染成分为SS、COD_{Cr}、硫化物、氮氧化物等，但浓度相对较低。

其次是屋面材料的影响和在非降雨期屋面上积累的大气沉降物。

路面雨水径流水质和影响因素相对其他方面的污染要复杂得多。路面材料、汽车排泄物，生活垃圾、裸露或植被地带冲出的泥沙等，其成分复杂，随机性很大。主要污染成分有COD_{Cr}、SS、油类、表面活性剂、重金属及其他无机盐类。COD_{Cr}、SS均可能高达数千mg/L。

为了有效控制雨水的水质，我们就必须采取一些措施，如：路面雨水截污装置、初期雨水弃流装置等。

为了控制路面带来的树叶、垃圾、油类和悬浮固体等污染物，可以在雨水口和雨水井设置截污挂篮和专用编织袋等，或设计专门的浮渣隔离、沉淀截污井。

也可设计绿地缓冲带来截留净化路面径流污染物，但必须考虑对地下水的潜在威胁，限用于污染较轻的径流，如生活小区、公园的路面雨水。

设计特殊装置分离污染较重的初期径流，保护后续渗透设施和收集利用系统的正常运行。

除了上述源头控制措施外，还可以在径流的输送途中或终端采用雨水滞留沉淀、过滤、吸附、稳定塘及人工湿地等处理技术。需要注意雨水的水质特性，如颗粒分布与沉淀性能、水质与流量的变化、污染物种类和含量等。

6.6 国外雨水收集利用范例

日本最早实施“雨水利用”工程。东京都墨田区把降到各家屋顶的雨水通过导水管收集到水箱中，然后用于冲厕所、浇庭园和洗车等。这项和居民合作来普及雨水利用的工程，获得了国际环境自治团体协商会的第一届环境奖。目前在日本，越来越多的地方政府响应在首都中心建立“微型水库”的号召，对一些项目费用提供补助，已先后在国技馆、日本电视台和上智大学图书馆等1000多个场所建立了微型水库。这对防止排水不及而造成的城市道路积水也起到了有益的作用。

德国Ludwigshafen已经运行十年的公共汽车洗车工程利用1000m^2屋面雨水作为主要的冲洗水源；法兰克福Possmann苹果榨汁厂将绿色屋面雨水作为冷却循环水源等等。特别是1992年建于柏林市的某小区雨水收集利用工程，将160栋建筑物的屋顶雨水通过收集系统进入三个容积为650m^3的贮水池中，主要用于浇灌；将溢流雨水和绿地、步行道汇集的雨水进入一个仿自然水道，水道用砂和碎石铺设，并种有多种植物；之后进入一个面积为1000m^2、容积为1500m^{3}的水塘（最大深度3m）。水塘中以芦苇为主的多种水生植物，同时利用太阳能和风能使雨水在水道和水塘间循环，连续净化，保持水塘内水清见底，形成植物鱼类等生物共存的生态系统。遇暴雨时多余的水通过渗透系统回灌地下，整个小区基本实现雨水零排放。

柏林Potsdamer广场Daimlerchrysler区域城市水体工程也是雨水生态系统成功范例。该区域年产雨水径流量2.3万m^3。采取的主要措施：建有绿色屋顶4hm^2；雨水贮存池3500m^3，主要用于冲厕和浇灌绿地（包括屋顶花园）；建有人工湖12hm^2，人工湿地1900m^2，雨水先收集进入贮存池，在贮存池中，较大颗粒的污染物经沉淀去除，然后用泵将水送至人工湿地和人工水体。通过水体基层、水生植物和微生物等进一步净化雨水。此外，还建有自动控制系统，对P、N等主要水质指标进行连续监测和控制。使该水系统达到一种良性循环，野鸭、水鸟、鱼类等动植物依水栖息，使建筑、生物、水等元素达到自然的和谐与统一。

6.7　国内农村雨水收集利用实例

1. 基本概况

陕西省富平县示范区在该县底店乡，北部沿山，南边为山前洪积扇，地势北高南低，海拔650～1200m，土壤有土粪土和黄绵土等，光热资源丰富，但水资源缺乏，地下水埋藏深，限制了该乡作物产量的提高和经济发展。全乡现有8村2.1万人，农业人口2万以上，耕地0.218hm^2，农田种植以冬小麦、夏玉米为主，还有苹果、红薯、棉花、谷子等。1997～1998年在示范区的底店、下庄、草滩、康庄、瓦李等村共修水窖（池）629眼，蓄水总容量4.5万m^3，水窖平均容积71.31m^3，最大超过300m^3。补充灌溉面积119.33hm^2。补灌主物以苹果为主，约占补灌面积4/5。灌水方式多样，主要有睦灌、滴灌、微喷等。苹果一般开花前和果实膨大期补灌1～2次，每次灌水量300～750m^3/hm^2。小麦在拔节期前后、夏玉米在抽穗期进行灌水。

2. 推广主要技术

1）集流沉沙技术：一级沉沙池20个，二级沉沙池5个；

2）集流净化和水窖防冻技术：用熟石灰控制微生物繁殖；蓄水池（窖）4/5置于地下，池（窖）顶覆盖秸秆、草帘，冬季既可防止池（窖）体冻裂，夏季又可降低蓄存雨水温度，全乡示范窖池50眼；

3）节水灌水技术：地膜小麦小哇浇水技术，示范面积为6.67hm^2；利用水泵提水，分别采用渗灌、滴灌技术，灌溉果树穴3.33hm^2和5.33hm^2，用移动式喷灌技术，示范面积为17.67hm^2，四项节水技术共计示范面积为33.0hm^2；所用蓄水池（窖）共计50眼。约有2/3水窖沿公路两旁修筑，主要利用公路集流面，汇水收集于水窖。

3. 示范效果与效益

一家农户修建一个80m^3的蓄水池，年蓄指数2.5，则一年蓄水200m^3，可补灌苹果0.067hm^2、冬小麦0.067hm^2，并可在麦后种玉米。苹果增产1000kg，市场价每公斤1.0元，可增加收入1000元；小麦增产100kg，夏玉米产量400kg，小麦和玉米按市场价0.80元/kg，可增加收入400元；除去年运行管理费200元，则年增纯收入1200元。此外，还可利用窖水洗衣服、打农药、建房等，方便了农户生活。整个示范面积33.33hm^2，其中冬小麦（夏玉米）6.67hm^2，增加收入4万元，苹果26.67hm^2，增加收入40万元；除去年运行管理费4万元，可获纯收入40万元。

通过实践，群众认识到“有窖比没窖好，灌比不灌好”。没窖的打算要修建，有窖的打算再建，并且对喷微灌技术持肯定的态度，目前群众对示范区兴趣很高。

7 结　语

目前农村生活污水任意排放，造成流域等水体污染，同时农村经济发展赶不上城镇，地区特点突出。而我国新农村的建设和人们环保意识的日益增强，决定了农村污水处理将是未来环保工作的重点。因此新农村污水处理系统建设迫切需要经济、高效、自动化高的一体化处理系统，以适应我国农村污水的多样性。在选择工艺时，要结合当地实际情况，如水质、水温、经济发展水平等因素，综合考虑确定具体工艺。

农村生活污水处理设计应注意几点：

（1）合并处理。在推进农村“三集中”建设中，同时规划建设工业污水集中处理设施的地方，则应将居住区生活污水引入合并处理，可补充工业污水活性污泥法处理时的营养源，提高处理效果，亦可降低投资，提高管理水平，确保达标排放。江阴市新桥村即采用此法。

（2）与灌溉相结合。在缺水少雨和蔬菜生产地区，可采用《生活污水净化沼气池》苏 S03-2004 工艺，建在居住区绿化地下，净化出水由管道排送至灌溉渠或调蓄塘，供农灌、浇菜用。

（3）与氧化塘相结合。居住区附近有一定面积水塘，可采用《生活污水净化沼气池》苏 S03-2004 工艺，建在居住区绿化地下，净化出水由管道排送至水塘，水塘再选栽沉底和浮水植物，并放养适当的鱼、河蚌、螺蛳。

（4）人工湿地与生物氧化塘一体化。《生活污水净化沼气池》苏 S03-2004 工艺中，一级厌氧发酵池（二级厌氧发酵池）建在居住区绿化地下，二级厌氧发酵池＋人工湿地（或仅人工湿地）建在水塘边，将水塘边坡改造为人工湿地床，形成人工湿地与生物氧化塘系统，既节约用地，又充分利用地形，有利于污水净化流程布置。

（5）厌氧发酵池与人工湿地床合建或分建。在居住区绿化面积大，又适宜布置人工湿地，则将一、二级厌氧发酵池与人工湿地床合建，选用观赏植物，使人工湿地成为居住区一景；如居住区绿化地小，不宜布置人工湿地，可将一级厌氧发酵池建在住宅旁，二级厌氧发酵池与人工湿地建在居住区附近洼地、荒地上。可在人工湿地床上选栽经济性水生植物。这里要强调的，一级厌氧发酵池要尽量建在住户宅附近，这样泥沙和悬浮物被截留下，排水管道不易堵塞，管坡可降低，管径可小点。

（6）因地制宜改造。旧村庄扩建中，原有化粪池尽可能利用，可直接建二级厌氧发酵池与人工湿地床；相对集中几户合建一组厌氧发酵池＋人工湿地床，或者分建一级厌氧发酵池，二级厌氧发酵池与人工湿地床集中异地建；附近有养殖场，建净化沼气池，亦可将生活污水引入合并处理。

相信随着科学技术的发展、国家政府的大力关注以及农民意识的提高，我国广大村镇水污染严重的问题必将得到根治，为社会主义新农村的建设提供有力的保障，还广大农民一片碧水蓝天。

附　　录

附录 A　《城镇污水处理厂污染物排放标准》GB 18918—2002

为贯彻《中华人民共和国环境保护法》、《中华人民共和国水污染防治法》、《中华人民共和国海洋环境保护法》、《中华人民共和国大气污染防治法》、《中华人民共和国固体废物污染环境防治法》，促进城镇污水处理厂的建设和管理，加强城镇污水处理厂污染物的排放控制和污水资源化利用，保障人体健康，维护良好的生态环境，结合我国《城市污水处理及污染防治技术政策》，制定本标准。

本标准规定了城镇污水处理厂出水、废气和污泥中污染物的控制项目和标准值。

本标准自实施之日起，城镇污水处理厂水污染物、大气污染物的排放和污泥的控制一律执行本标准。

排入城镇污水处理厂的工业废水和医院污水，应达到《污水综合排放标准》GB 8978—1996、相关行业的国家排放标准、地方排放标准的相应规定限值及地方总量控制的要求。

1. 标准分级

根据城镇污水处理厂排入地表水域环境功能和保护目标，以及污水处理厂的处理工艺，将基本控制项目的常规污染物标准值分为一级标准、二级标准、三级标准。一级标准分为 A 标准和 B 标准。部分一类污染物和选择控制项目不分级。

1.1　一级标准的 A 标准是城镇污水处理厂出水作为回用水的基本要求。当污水处理厂出水引入稀释能力较小的河湖作为城镇景观用水和一般回用水等用途时，执行一级标准的 A 标准。

1.2　城镇污水处理厂出水排入 GB 3838—2002 地表水Ⅲ类功能水域（划定的饮用水水源保护区和游泳区除外）、GB 3097—1997 海水二类功能水域和湖、库等封闭或半封闭水域时，执行一级标准的B标准。

1.3 城镇污水处理厂出水排入GB 3838—2002地表水Ⅳ、Ⅴ类功能水域或GB 3097—1997海水三、四类功能海域，执行二级标准。

1.4 非重点控制流域和非水源保护区的建制镇的污水处理厂，根据当地经济条件和水污染控制要求，采用一级强化处理工艺时，执行三级标准。但必须预留二级处理设施的位置，分期达到二级标准。

2. 标准值

2.1 城镇污水处理厂水污染物排放基本控制项目，执行表1和表2的规定。

2.2 选择控制项目按表3的规定执行。

3. 取样与监测

3.1 水质取样在污水处理厂处理工艺末端排放口。在排放口应设污水水量自动计量装置、自动比例采样装置，pH、水温、COD等主要水质指标应安装在线监测装置。

3.2 取样频率为至少每2h一次，取24h混合样，以日均值计。

3.3 监测分析方法按表4或国家环境保护总局认定的替代方法、等效方法执行。

基本控制项目最高允许排放浓度（日均值） **表1**

序号	基本控制项目	一级标准		二级标准	三级标准
		A标准	B标准		
1	化学需氧量（COD）（mg/L）	50	60	100	120[①]
2	生化需氧量（BOD_5）（mg/L）	10	20	30	60[①]
3	悬浮物（SS）（mg/L）	10	20	30	50
4	动植物油（mg/L）	1	3	5	20
5	石油类（mg/L）	1	3	5	15
6	阴离子表面活性剂（mg/L）	0.5	1	2	5
7	总氮（以N计）（mg/L）	15	20		
8	氨氮（以N计）（mg/L）[②]	5（8）	8（15）	25（30）	
9	总磷（以P计）（mg/L）	0.5	1	3	5
10	色度（稀释倍数）	30	30	40	50
11	pH	6～9	6～9	6～9	6～9
12	粪大肠菌群数（个/L）	10^3	10^4	10^4	

注：① 下列情况下按去除率指标执行：当进水COD大于350mg/L，去除率大于60%；BOD_5大于160mg/L时，去除率应大于50%。

② 括号外数值为水温>12°C时的控制指标，括号内数值为水温≤12℃时的控制指标。

部分一类污染物最高允许排放浓度（日均值）（mg/L） **表 2**

序号	项目	标准值
1	总汞	0.001
2	烷基汞	不得检出
3	总镉	0.01
4	总铬	0.1
5	六价铬	0.05
6	总砷	0.1
7	总铅	0.1

选择控制项目最高允许排放浓度（日均值）（mg/L） **表 3**

序号	选择控制项目	标准值	序号	选择控制项目	标准值
1	总镍	0.05	23	三氯乙烯	0.3
2	总铍	0.002	24	四氯乙烯	0.1
3	总银	0.1	25	苯	0.1
4	总铜	0.5	26	甲苯	0.1
5	总锌	1.0	27	邻-二甲苯	0.4
6	总锰	2.0	28	对-二甲苯	0.4
7	总硒	0.1	29	间-二甲苯	0.4
8	苯并（a）芘	0.000 03	30	乙苯	0.4
9	挥发酚	0.5	31	氯苯	0.3
10	总氰化物	0.5	32	1，4-二氯苯	0.4
11	硫化物	1.0	33	1，2-二氯苯	1.0
12	甲醛	1.0	34	对硝基氯苯	0.5
13	苯胺类	0.5	35	2，4-二硝基氯苯	0.5
14	总硝基化合物	2.0	36	苯酚	0.3
15	有机磷农药（以 P 计）	0.5	37	间-甲酚	0.1
16	马拉硫磷	1.0	38	2，4-二氯酚	0.6
17	乐果	0.5	39	2，4，6 -三氯酚	0.6
18	对硫磷	0.05	40	邻苯二甲酸二丁酯	0.1
19	甲基对硫磷	0.2	41	邻苯二甲酸二辛酯	0.1
20	五氯酚	0.5	42	丙烯腈	2.0
21	三氯甲烷	0.3	43	可吸附有机卤化物（AOX 以 CL 计）	1.0
22	四氯化碳	0.03			

附录B 《污水综合排放标准》GB 8978—1996

为贯彻《中华人民共和国环境保护法》、《中华人民共和国水污染防治法》和《中华人民共和国海洋环境保护法》，控制水污染，保护江河、湖泊、运河、渠道、水库和海洋等地面水以及地下水水质的良好状态，保障人体健康，维护生态平衡，促进国民经济和城乡建设的发展，特制定本标准。

本标准适用于现有单位水污染物的排放管理，以及建设项目的环境影响评价、建设项目环境保护设施设计、竣工验收及其投产后的排放管理。

1. 标准分级

1.1 排入GB 3838—2002 Ⅲ类水域（划定的保护区和游泳区除外）和排入GB 3097—1997中二类海域的污水，执行一级标准。

1.2 排入GB 3838—2002中Ⅳ、Ⅴ类水域和排入GB 3097—1997中三类海域的污水，执行二级标准。

1.3 排入设置二级污水处理厂的城镇排水系统的污水，执行三级标准。

1.4 排入未设置二级污水处理厂的城镇排水系统的污水，必须根据排水系统出水受纳水域的功能要求，分别执行1.1和1.2的规定。

1.5 GB 3838—2002中Ⅰ、Ⅱ类水域和Ⅲ类水域中划定的保护区，GB 3097—1997中一类海域，禁止新建排污口，现有排污口应按水体功能要求，实行污染物总量控制，以保证受纳水体水质符合规定用途的水质标准。

2. 标准值

2.1 本标准将排放的污染物按其性质及控制方式分为两类。

2.2 第一类污染物，不分行业和污水排放方式，也不分受纳水体的功能类别，一律在车间或车间处理设施排放口采样，其最高允许排放浓度必须达到本标准要求（采矿行业的尾矿坝出水口不得视为车间排放口）。

2.3 第二类污染物，在排污单位排放口采样，其最高允许排放浓度必须达到本标准要求。

2.4 本标准按年限规定了第一类污染物和第二类污染物最高允许排放浓度及部分行业最高允许排水量，分别为：

2.4.1 1997年12月31日之前建设（包括改、扩建）的单位，水污染物的排放必须同时执行表 1、表 2、表 3 的规定。

2.4.2 1998 年 1 月 1 日起建设（包括改、扩建）的单位，水污染物的排放必须同时执行表 1、表 4、表 5 的规定。

2.4.3 建设（包括改、扩建）单位的建设时间，以环境影响评价报告书（表）批准日期为准划分。

第一类污染物最高允许排放浓度（mg/L） 表 1

序号	污染物	最高允许排放浓度
1	总汞	0.05
2	烷基汞	不得检出
3	总镉	0.1
4	总铬	1.5
5	六价铬	0.5
6	总砷	0.5
7	总铅	1.0
8	总镍	1.0
9	苯并（a）芘	0.00003
10	总铍	0.005
11	总银	0.5
12	总 α 放射性	1Bq/L
13	总 β 放射性	10Bq/L

第二类污染物最高允许排放浓度（mg/L） 表 2

（1997 年 12 月 31 日之前建设的单位）

序号	污染物	适用范围	一级标准	二级标准	三级标准
1	pH	一切排污单位	6～9	6～9	6～9
2	色度（稀释倍数）	染料工业	50	180	—
		其他排污单位	50	80	—
3	悬浮物（SS）	采矿、选矿、选煤工业	100	300	—
		脉金选矿	100	500	—
		边远地区砂金选矿	100	800	—
		城镇二级污水处理厂	20	30	—
		其他排污单位	70	200	400

续表

序号	污染物	适用范围	一级标准	二级标准	三级标准
4	五日生化需氧量（BOD_5）	甘蔗制糖、苎麻脱胶、湿法纤维板工业	30	100	600
		甜菜制糖、酒精、味精、皮革、化纤浆粕工业	30	150	600
		城镇二级污水处理厂	20	30	—
		其他排污单位	30	60	300
5	化学需氧量（COD）	甜菜制糖、焦化、合成脂肪酸、湿法纤维板、染料、洗毛、有机磷农药工业	100	200	1000
		味精、酒精、医药原料药、生物制药、苎麻脱胶、皮革、化纤浆粕工业	100	300	1 000
		石油化工工业（包括石油炼制）	100	150	500
		城镇二级污水处理厂	60	120	—
		其他排污单位	100	150	500
6	石油类	一切排污单位	10	10	30
7	动植物油	一切排污单位	20	20	100
8	挥发酚	一切排污单位	0.5	0.5	2.0
9	总氰化合物	电影洗片（铁氰化合物）	0.5	5.0	5.0
		其他排污单位	0.5	0.5	1.0
10	硫化物	一切排污单位	1.0	1.0	2.0
11	氨氮	医药原料药、染料、石油化工工业	15	50	—
		其他排污单位	15	25	—
12	氟化物	黄磷工业	10	20	20
		低氟地区（水体含氟量＜0.5mg/L）	10	20	30
		其他排污单位	10	10	20
13	磷酸盐（以P计）	一切排污单位	0.5	1.0	—
14	甲醛	一切排污单位	1.0	2.0	5.0
15	苯胺类	一切排污单位	1.0	2.0	5.0
16	硝基苯类	一切排污单位	2.0	3.0	5.0
17	阴离子表面活性剂(LAS)	合成洗涤剂工业	5.0	15	20
		其他排污单位	5.0	10	20
18	总铜	一切排污单位	0.5	1.0	2.0
19	总锌	一切排污单位	2.0	5.0	5.0
20	总锰	合成脂肪酸工业	2.0	5.0	5.0
		其他排污单位	2.0	2.0	5.0

续表

序号	污染物	适用范围	一级标准	二级标准	三级标准
21	彩色显影剂	电影洗片	2.0	3.0	5.0
22	显影剂及氧化物总量	电影洗片	3.0	6.0	6.0
23	元素磷	一切排污单位	0.1	0.3	0.3
24	有机磷农药（以P计）	一切排污单位	不得检出	0.5	0.5
25	粪大肠杆菌数	医院*、兽医院及医疗机构含病原体污水	500个/L	1000个/L	5000个/L
		传染病、结核病医院污水	100个/L	500个/L	1000个/L
26	总余氯（采用氯化消毒的医院污水）	医院*、兽医院及医疗机构含病原体污水	＜0.5**	＞3（接触时间≥1h）	＞2（接触时间≥1h）
		传染病、结核病医院污水	＜0.5**	＞6.5（接触时间≥1.5h）	＞5（接触时间≥1.5h）

注：* 指50个床位以上的医院。

** 加氯消毒后须进行脱氯处理，达到本标准。

部分行业最高允许排水量 **表3**

（1997年12月31日之前建设的单位）

序号	行业类别			最高允许排水量或最低允许水重复利用率	
1	矿山工业	有色金属系统选矿		水重复利用率75%	
		其他矿山工业采矿、选矿、选煤等		水重复利用率90%（选煤）	
		脉金选矿	重选	16.0m^3/t（矿石）	
			浮选	9.0m^3/t（矿石）	
			氰化	8.0m^3/t（矿石）	
			碳浆	8.0m^3/t（矿石）	
2	焦化企业（煤气厂）			1.2m^3/t（焦炭）	
3	有色金属冶炼及金属加工			水重复利用率80%	
4	石油炼制工业（不包括直排水炼油厂） 加工深度分类 A. 燃料型炼油厂 B. 燃料＋润滑油型炼油厂 C. 燃料＋润滑油型＋炼油化工型炼油厂 （包括加工高含硫原油页岩油和石油添加剂生产基地的炼油厂）			A	＞500万t，1.0m^3/t（原油） 250～500万t，1.2m^3/t（原油） ＜250万t，1.5m^3/t（原油）
				B	＞500万t，1.5m^3/t（原油） 250～500万t，2.0m^3/t（原油） ＜250万t，2.0m^3/t（原油）
				C	＞500万t，2.0m^3/t（原油） 250～500万t，2.5m^3/t（原油） ＜250万t，2.5m^3/t（原油）

续表

序号	行业类别			最高允许排水量或最低允许水重复利用率
5	合成洗涤剂工业	氯化法生产烷基苯		200.0m³/t（烷基苯）
		裂解法生产烷基苯		70.0m³/t（烷基苯）
		烷基苯生产合成洗涤剂		10.0m³/t（产品）
6	合成脂肪酸工业			200.0m³/t（产品）
7	湿法生产纤维板工业			30.0m³/t（板）
8	制糖工业	甘蔗制糖		10.0m³/t（甘蔗）
		甜菜制糖		4.0m³/t（甜菜）
9	皮革工业	猪盐湿皮		60.0m³/t（原皮）
		牛干皮		100.0m³/t（原皮）
		羊干皮		150.0m³/t（原皮）
10	发酵、酿造工业	酒精工业	以玉米为原料	100.0m³/t（酒精）
			以薯类为原料	80m³/t（酒精）
			以糖蜜为原料	70.0m³/t（酒）
		味精工业		600.0m³/t（味精）
		啤酒工业（排水量不包括麦芽水部分）		16.0m³/t（啤酒）
11	铬盐工业			5.0m³/t（产品）
12	硫酸工业（水洗法）			15.0m³/t（硫酸）
13	苎麻脱胶工业			500m³/t（原麻）或750m³/t（精干麻）
14	粘胶纤维工业单纯纤维	短纤维（棉型中长纤维、毛型中长纤维）		300m³/t（纤维）
		长纤维		800m³/t（纤维）
15	化纤浆粕			本色：150 m³/t（浆），漂白：240m³/t（浆）
16	铁路货车洗刷			5m³/辆
17	电影洗片			800m³/1000m（35mm的胶片）
18	石油沥青工业			冷却池的水循环利用率95%

第二类污染物最高允许排放浓度（mg/L） **表4**

（1998年1月1日后建设的单位）

序号	污染物	适用范围	一级标准	二级标准	三级标准
1	pH	一切排污单位	6～9	6～9	6～9
2	色度（稀释倍数）	一切排污单位	50	80	—

续表

序号	污染物	适用范围	一级标准	二级标准	三级标准
3	悬浮物（SS）	采矿、选矿、选煤工业	70	300	—
		脉金选矿	70	400	—
		边远地区砂金选矿	70	800	—
		城镇二级污水处理厂	20	30	—
		其他排污单位	70	150	400
4	五日生化需氧量（BOD_5）	甘蔗制糖、苎麻脱胶、湿法纤维板、染料、洗毛工业	20	60	600
		甜菜制糖、酒精、味精、皮革、化纤浆粕工业	20	100	600
		城镇二级污水处理厂	20	30	—
		其他排污单位	20	30	300
5	化学需氧量（COD）	甜菜制糖、焦化、合成脂肪酸、湿法纤维板、染料、洗毛、有机磷农药工业	100	200	1000
		味精、酒精、医药原料药、生物制药、苎麻脱胶、皮革、化纤浆粕工业	100	300	1000
		石油化工工业（包括石油炼制）	60	120	500
		城镇二级污水处理厂	60	120	—
		其他排污单位	100	150	500
6	石油类	一切排污单位	5	10	20
7	动植物油	一切排污单位	20	15	100
8	挥发酚	一切排污单位	0.5	0.5	2.0
9	总氰化合物	一切排污单位	0.5	5.0	1.0
10	硫化物	一切排污单位	1.0	1.0	1.0
11	氨氮	医药原料药、染料、石油化工工业	15	50	—
		其他排污单位	15	25	—
12	氟化物	黄磷工业	10	15	20
		低氟地区（水体含氟量<0.5mg/L）	10	20	30
		其他排污单位	10	10	20
13	磷酸盐（以P计）	一切排污单位	0.5	1.0	—
14	甲醛	一切排污单位	1.0	2.0	5.0
15	苯胺类	一切排污单位	1.0	2.0	5.0
16	硝基苯类	一切排污单位	2.0	3.0	5.0

续表

序号	污染物	适用范围	一级标准	二级标准	三级标准
17	阴离子表面活性剂（LAS）	一切排污单位	5.0	10	20
18	总铜	一切排污单位	0.5	1.0	2.0
19	总锌	一切排污单位	2.0	5.0	5.0*
20	总锰	合成脂肪酸工业	2.0	5.0	5.0
		其他排污单位	2.0	2.0	5.0
21	彩色显影剂	电影洗片	1.0	2.0	2.0
22	显影剂及氧化物总量	电影洗片	3.0	3.0	6.0
23	元素磷	一切排污单位	0.1	0.1	0.3
24	有机磷农药（以 P 计）	一切排污单位	不得检出	0.5	0.5
25	乐果	一切排污单位	不得检出	1.0	2.0
26	对硫磷	一切排污单位	不得检出	1.0	2.0
27	钾基对硫磷	一切排污单位	不得检出	1.0	2.0
28	马拉硫磷	一切排污单位	不得检出	5.0	10.0
29	五氯酚及五氯酚钠（以五氯酚计）	一切排污单位	5.0	8.0	10.0
30	可吸附有机卤化物（AOX）以 Cl 计	一切排污单位	1.0	5.0	8.0
31	三氯甲烷	一切排污单位	0.3	0.6	1.0
32	四氯化碳	一切排污单位	0.033	0.06	0.5
33	三氯乙烯	一切排污单位	0.3	0.6	1.0
34	四氯乙烯	一切排污单位	0.1	0.2	0.5
35	苯	一切排污单位	0.1	0.2	0.5
36	甲苯	一切排污单位	0.1	0.2	0.5
37	乙苯	一切排污单位	0.4	0.6	1.0
38	邻-二甲苯	一切排污单位	0.4	0.6	1.0
39	对-二甲苯	一切排污单位	0.4	0.6	1.0
40	间-二甲苯	一切排污单位	0.4	0.6	1.0
41	氯苯	一切排污单位	0.2	0.4	1.0
42	邻-二氯苯	一切排污单位	0.4	0.6	1.0
43	对-二氯苯	一切排污单位	0.4	0.6	1.0
44	对-硝基氯苯	一切排污单位	0.5	1.0	5.0
45	2，4-二硝基氯苯	一切排污单位	0.5	1.0	5.0

续表

序号	污染物	适用范围	一级标准	二级标准	三级标准
46	苯酚	一切排污单位	0.3	0.4	1.0
47	间-甲酚	一切排污单位	0.1	0.2	0.5
48	2，4-二氯酚	一切排污单位	0.6	0.8	1.0
49	2，4，6-三氯酚	一切排污单位	0.6	0.8	1.0
50	邻苯二甲酸二丁酯	一切排污单位	0.2	0.4	2.0
51	邻苯二甲酸二辛酯	一切排污单位	0.3	0.6	2.0
52	丙烯腈	一切排污单位	2.0	5.0	5.0
53	总硒	一切排污单位	0.1	0.2	0.5
54	粪大肠杆菌数	医院*、兽医院及医疗机构含病原体污水	500个/L	1000个/L	5000个/L
		传染病、结核病医院污水	100个/L	500个/L	1000个/L
55	总余氯（采用氯化消毒的医院污水）	医院*、兽医院及医疗机构含病原体污水	<0.5**	>3（接触时间≥1h）	>2（接触时间≥1h）
		传染病、结核病医院污水	<0.5**	>6.5（接触时间≥1.5h）	>5（接触时间≥1.5h）
56	总有机碳（TOC）	合成脂肪酸工业	20	40	/
		苎麻脱胶工业	20	60	/
		其他排污单位	20	30	/

注：其他排污单位：指除在该控制项目中所列行业以外的一切排污单位。

*指50个床位以上的医院。

**加氯消毒后须进行脱氯处理，达到本标准。

部分行业最高允许排水量 **表5**

（1998年1月1日后建设的单位）

序号	行业类别			最高允许排水量或最低允许水重复利用率
1	矿山工业	有色金属系统选矿		水重复利用率75%
		其他矿山工业采矿、选矿、选煤等		水重复利用率90%（选煤）
		脉金选矿	重选	16.0m^3/t（矿石）
			浮选	9.0m^3/t（矿石）
			氰化	8.0m^3/t（矿石）
			碳浆	8.0m^3/t（矿石）

续表

<table>
<tr><th>序号</th><th colspan="3">行业类别</th><th colspan="2">最高允许排水量或最低允许水重复利用率</th></tr>
<tr><td>2</td><td colspan="3">焦化企业（煤气厂）</td><td colspan="2">1.2m^3/t（焦炭）</td></tr>
<tr><td>3</td><td colspan="3">有色金属冶炼及金属加工</td><td colspan="2">水重复利用率 80%</td></tr>
<tr><td rowspan="9">4</td><td colspan="3" rowspan="9">石油炼制工业（不包括直排水炼油厂）
加工深度分类：
A. 燃料型炼油厂
B. 燃料＋润滑油型炼油厂
C. 燃料＋润滑油型＋炼油化工型炼油厂
（包括加工高含硫原油页岩油和石油添加剂
生产基地的炼油厂）</td><td rowspan="3">A</td><td>>500 万 t，1.0m^3/t（原油）</td></tr>
<tr><td>250～500 万 t，1.2m^3/t（原油）</td></tr>
<tr><td><250 万 t，1.5m^3/t（原油）</td></tr>
<tr><td rowspan="3">B</td><td>>500 万 t，1.5m^3/t（原油）</td></tr>
<tr><td>250～500 万 t，2.0m^3/t（原油）</td></tr>
<tr><td><250 万 t，2.0m^3/t（原油）</td></tr>
<tr><td rowspan="3">C</td><td>>500 万 t，2.0m^3/t（原油）</td></tr>
<tr><td>250～500 万 t，2.5m^3/t（原油）</td></tr>
<tr><td><250 万 t，2.5m^3/t（原油）</td></tr>
<tr><td rowspan="3">5</td><td rowspan="3">合成洗涤剂工业</td><td colspan="2">氯化法生产烷基苯</td><td colspan="2">200.0m^3/t（烷基苯）</td></tr>
<tr><td colspan="2">裂解法生产烷基苯</td><td colspan="2">70.0m^3/t（烷基苯）</td></tr>
<tr><td colspan="2">烷基苯生产合成洗涤剂</td><td colspan="2">10.0m^3/t（产品）</td></tr>
<tr><td>6</td><td colspan="3">合成脂肪酸工业</td><td colspan="2">200.0m^3/t（产品）</td></tr>
<tr><td>7</td><td colspan="3">湿法生产纤维板工业</td><td colspan="2">30.0m^3/t（板）</td></tr>
<tr><td rowspan="2">8</td><td rowspan="2">制糖工业</td><td colspan="2">甘蔗制糖</td><td colspan="2">10.0m^3/t（甘蔗）</td></tr>
<tr><td colspan="2">甜菜制糖</td><td colspan="2">4.0m^3/t（甜菜）</td></tr>
<tr><td rowspan="3">9</td><td rowspan="3">皮革工业</td><td colspan="2">猪盐湿皮</td><td colspan="2">60.0m^3/t（原皮）</td></tr>
<tr><td colspan="2">牛干皮</td><td colspan="2">100.0m^3/t（原皮）</td></tr>
<tr><td colspan="2">羊干皮</td><td colspan="2">150.0m^3/t（原皮）</td></tr>
<tr><td rowspan="5">10</td><td rowspan="5">发酵、酿造工业</td><td rowspan="3">酒精工业</td><td>以玉米为原料</td><td colspan="2">100.0m^3/t（酒精）</td></tr>
<tr><td>以薯类为原料</td><td colspan="2">80m^3/t（酒精）</td></tr>
<tr><td>以糖蜜为原料</td><td colspan="2">70.0m^3/t（酒）</td></tr>
<tr><td colspan="2">味精工业</td><td colspan="2">600.0m^3/t（味精）</td></tr>
<tr><td colspan="2">啤酒工业（排水量不包括麦芽水部分）</td><td colspan="2">16.0m^3/t（啤酒）</td></tr>
<tr><td>11</td><td colspan="3">铬盐工业</td><td colspan="2">5.0m^3/t（产品）</td></tr>
<tr><td>12</td><td colspan="3">硫酸工业（水洗法）</td><td colspan="2">15.0m^3/t（硫酸）</td></tr>
<tr><td>13</td><td colspan="3">苎麻脱胶工业</td><td colspan="2">500m^3/t（原麻）或 750m^3/t（精干麻）</td></tr>
<tr><td rowspan="2">14</td><td rowspan="2">粘胶纤维工业单纯纤维</td><td colspan="2">短纤维（棉型中长纤维、毛型中长纤维）</td><td colspan="2">300m^3/t（纤维）</td></tr>
<tr><td colspan="2">长纤维</td><td colspan="2">800m^3/t（纤维）</td></tr>
</table>

续表

序号	行业类别		最高允许排水量或最低允许水重复利用率
15	化纤浆粕		本色：150m³/t（浆），漂白：240m³/t（浆）
16	医料原料药制药工业	青霉素	4700.0m³/t（青霉素）
		链霉素	1450.0m³/t（链霉素）
		土霉素	1300.0m³/t（土霉素）
		四环素	1900.0m³/t（四环素）
		洁霉素	9200.0m³/t（洁霉素）
		金霉素	3000.0m³/t（金霉素）
		庆大霉素	20400.0m³/t（庆大霉素）
		维生素 C	1200m³/t（维生素 C）
		氯霉素	2700.0m³/t（氯霉素）
		新诺明	2000.0m³/t（新诺明）
		维生素 B_1	3400.0m³/t（维生素 B_1）
		安乃近	180.0m³/t（安乃近）
		非那西汀	750.0m³/t（非那西汀）
		呋喃唑酮	2400.0m³/t（呋喃唑酮）
		咖啡因	1200.0m³/t（咖啡因）
17	有机磷农药工业*	乐果**	700.0m³/t（产品）
		甲基对硫磷（水相法）**	300.0m³/t（产品）
		对硫磷（P_2S_5 法）**	500.0m³/t（产品）
		对硫磷（$PSCl_3$ 法）**	550.0m³/t（产品）
		敌敌畏（敌百虫碱解法）	200.0m³/t（产品）
		敌百虫	40.0m³/t（产品）（不包括三氯乙醛生产废水）
		马拉硫磷	700.0m³/t（产品）
18	除草剂工业*	除草醚	5.0m³/t（产品）
		五氯酚钠	2.0m³/t（产品）
		五氯酚	4.0m³/t（产品）
		2 甲 4 氯	14.0m³/t（产品）
		2，4-D	4.0m³/t（产品）
		丁草胺	4.5m³/t（产品）
		绿麦隆（Fe 粉还原）	2.0m³/t（产品）
		绿麦隆（Na_2S 还原）	3.0m³/t（产品）

续表

序号	行业类别	最高允许排水量或最低允许水重复利用率
19	火力发电工业	3.5m^3/t（MW·h）
20	铁路货车洗刷	5m^3/辆
21	电影洗片	5m^3/1000m（35mm的胶片）
22	石油沥青工业	冷却池的水循环利用率95%

注：* 产品按100%浓度计。

* * 不包括 P_2S_5、$PSCl_3$、PCl_3 原料生产废水。

附录C 《城市污水再生利用 城市杂用水水质》GB/T 18920—2002

为统一城市污水再生后回用做生活杂用水的水质，以便做到既利用污水资源，又能切实保证生活杂用水的安全和适用，特制订本标准。

本标准适用于厕所便器冲洗、城市绿化、洗车、扫除等生活杂用水，也适用于有同样水质要求的其他用途的水。

本标准由城市规划、设计和生活杂用水供水运行管理等有关单位负责执行。生活杂用水供水单位的主管部门负责监督和检查执行情况。

本标准是制订地方城市污水再生回用作生活杂用水水质标准的依据，地方可以本标准为基础，根据当地特点制订地方城市污水再生回用作生活杂用水的水质标准。地方标准不得宽于本标准或与本标准相抵触；如因特殊情况，宽于本标准时应报住房和城乡建设部批准。地方标准列入的项目指标，执行地方标准；地方标准未列入的项目指标，仍执行本标准。

1. 水质标准

生活杂用水水质标准 **表1**

项 目	厕所便器冲洗，城市绿化	洗车，扫除
浊度（度）	10	5
溶解性固体（mg/L）	1200	1000
悬浮性固体（mg/L）	10	5
色度（度）	30	30
臭	无不快感觉	无不快感觉
pH值	6.5～9.0	6.5～9.0
BOD_5（mg/L）	10	10

续表

项　目	厕所便器冲洗，城市绿化	洗车，扫除
COD_{Cr}（mg/L）	50	50
氨氮（以N计）（mg/L）	20	10
总硬度（以$CaCO_3$计）（mg/L）	450	450
氯化物（mg/L）	350	300
阴离子合成洗涤剂（mg/L）	1.0	0.5
铁（mg/L）	0.4	0.4
锰（mg/L）	0.1	0.1
游离余氯（mg/L）	管网末端水不小于0.2	
总大肠菌群（个/L）	3	3

2. 要求

2.1　生活杂用水的水质不应超过上表所规定的限量。

2.2　生活杂用水管道、水箱等设备不得与自来水管道、水箱直接相连。生活杂用水管道、水箱等设备外部应涂浅绿色标志，以免误饮、误用。

2.3　生活杂用水供水单位，应不断加强对杂用水的水处理、集水、供水以及计量、检测等设施的管理，建立行之有效的放水、清洗、消毒和检修等制度及操作规程，以保证供水的水质。

3. 水质检验

3.1　水质的检验方法，应按《生活杂用水标准检验法》执行。

3.2　生活杂用水集中式供水单位，必须建立水质检验室，负责检验污水再生设施的进水和出水以及出厂水和管网水的水质。

分散式或单独式供水，应由主管部门责成有关单位或报请上级指定有关单位负责水质检验工作。

以上水质检验的结果，应定期报送主管部门审查、存档。

附录 D　《地表水环境质量标准》GB 3838—2002（生活用水）

为贯彻《中华人民共和国环境保护法》和《中华人民共和国水污染防治法》，防治水污染，保护地表水水质，保障人体健康，维护良好的生态系统，制定本标准。

本标准适用于中华人民共和国领域内江河、湖泊、运河、渠道、水库等具有使用功能的地表水水域。具有特定功能的水域，执行相应的专业用水水质标准。

1. 水域功能和标准分类

依据地表水水域环境功能和保护目标，按功能高低依次划分为五类：

Ⅰ类主要适用于源头水、国家自然保护区；

Ⅱ类主要适用于集中式生活饮用水地表水源地一级保护区、珍稀水生生物栖息地、鱼虾类产卵场、仔稚幼鱼的索饵场等；

Ⅲ类主要适用于集中式生活饮用水地表水源地二级保护区、鱼虾类越冬场、洄游通道、水产养殖区等渔业水域及游泳区；

Ⅳ类主要适用于一般工业用水区及人体非直接接触的娱乐用水区；

Ⅴ类主要适用于农业用水区及一般景观要求水域。

对应地表水上述五类水域功能，将地表水环境质量标准基本项目标准值分为五类，不同功能类别分别执行相应类别的标准值。水域功能类别高的标准值严于水域功能类别低的标准值。同一水域兼有多类使用功能的，执行最高功能类别对应的标准值。实现水域功能与达到功能类别标准为同一含义。

2. 标准值

2.1　地表水环境质量标准基本项目标准限值见表1。

2.2　集中式生活饮用水地表水源地补充项目标准限值见表2。

3.3　集中式生活饮用水地表水源地特定项目标准限值见表3。

地表水环境质量标准基本项目标准限值（mg/L）　　**表1**

序号	项目分类		Ⅰ类	Ⅱ类	Ⅲ类	Ⅳ类	Ⅴ类
1	水温（℃）		人为造成的环境水温变化应限制在： 周平均最大温升≤1 周平均最大温降≤2				
2	pH值（无量纲）		6～9				
3	溶解氧	≥	饱和率90%（或7.5）	6	5	3	2
4	高锰酸盐指数	≤	2	3	4	10	15
5	化学需氧量（COD）	≤	15	15	20	30	40

续表

序号	项目分类		Ⅰ类	Ⅱ类	Ⅲ类	Ⅳ类	Ⅴ类
6	五日生化需氧量（BOD_5）	≤	3	3	4	6	10
7	氨氮（NH_3-N）	≤	0.15	0.5	1.0	1.5	2.0
8	总磷（以P计）	≤	0.02（湖、库0.01）	0.1（湖、库0.025）	0.2（湖、库0.05）	0.3（湖、库0.1）	0.4（湖、库0.2）
9	总氮（湖、库，以N计）	≤	0.2	0.5	1.0	1.5	2.0
10	铜	≤	0.01	1.0	1.0	1.0	1.0
11	锌	≤	0.05	1.0	1.0	2.0	2.0
12	氟化物（以F^-计）	≤	1.0	1.0	1.0	1.5	1.5
13	硒	≤	0.01	0.01	0.01	0.02	0.02
14	砷	≤	0.05	0.05	0.05	0.1	0.1
15	汞	≤	0.00005	0.00005	0.0001	0.001	0.001
16	镉	≤	0.001	0.005	0.005	0.005	0.01
17	铬（六价）	≤	0.01	0.05	0.05	0.05	0.1
18	铅	≤	0.01	0.01	0.05	0.05	0.1
19	氰化物	≤	0.005	0.05	0.2	0.2	0.2
20	挥发酚	≤	0.002	0.002	0.005	0.01	0.1
21	石油类	≤	0.05	0.05	0.05	0.5	1.0
22	阴离子表面活性剂	≤	0.2	0.2	0.2	0.3	0.3
23	硫化物	≤	0.05	0.1	0.2	0.5	1.0
24	粪大肠杆菌（个/L）	≤	200	2000	10000	20000	40000

集中式生活饮用水地表水源地补充项目标准限值（mg/L） **表2**

序号	项目	标准值
1	硫酸盐（以SO_4^{2-}计）	250
2	氯化物（以Cl^-计）	250
3	硝酸盐（以N计）	10
4	铁	0.3
5	锰	0.1

集中式生活饮用水地表水源地特定项目标准限值（mg/L） 表 3

序号	项　目	标准值	序号	项　目	标准值
1	三氯甲烷	0.06	38	五氯酚	0.009
2	四氯化碳	0.002	39	苯胺	0.1
3	三溴甲烷	0.1	40	联苯胺	0.0002
4	二氯甲烷	0.02	41	丙烯酰胺	0.0005
5	1，2-二氯乙烷	0.03	42	丙烯腈	0.1
6	环氧氯丙烷	0.02	43	邻苯二甲酸二丁酯	0.003
7	氯乙烯	0.005	44	邻苯二甲酸二（2-乙基己基）酯	0.008
8	1，1-二氯乙烯	0.03	45	水合肼	0.01
9	1，2-二氯乙烯	0.05	46	四乙基铅	0.0001
10	三氯乙烯	0.07	47	吡啶	0.2
11	四氯乙烯	0.04	48	松节油	0.2
12	氯丁二烯	0.002	49	苦味酸	0.5
13	六氯丁二烯	0.0006	50	丁基黄原酸	0.005
14	苯乙烯	0.02	51	活性氯	0.01
15	甲醛	0.9	52	滴滴涕	0.001
16	乙醛	0.05	53	林丹	0.002
17	丙烯醛	0.1	54	环氧七氯	0.0002
18	三氯乙醛	0.01	55	对硫磷	0.003
19	苯	0.01	56	甲基对硫磷	0.002
20	甲苯	0.7	57	马拉硫磷	0.05
21	乙苯	0.3	58	乐果	0.08
22	二甲苯①	0.5	59	敌敌畏	0.05
23	异丙苯	0.25	60	敌百虫	0.05
24	氯苯	0.3	61	内吸磷	0.03
25	1，2-二氯苯	1.0	62	百菌清	0.01
26	1，4-二氯苯	0.3	63	甲萘威	0.05
27	三氯苯②	0.02	64	溴氰菊酯	0.02
28	四氯苯③	0.02	65	阿特拉津	0.003
29	六氯苯	0.05	66	苯并（a）芘	2.8×10^{-6}
30	硝基苯	0.017	67	甲基汞	1.0×10^{-6}
31	二硝基苯④	0.5	68	多氯联苯⑥	2.0×10^{-5}
32	2，4-二硝基甲苯	0.0003	69	微囊藻毒素-LR	0.001
33	2，4，6-三硝基甲苯	0.5	70	黄磷	0.003
34	硝基氯苯⑤	0.05	71	钼	0.07
35	2，4-二硝基氯苯	0.5	72	钴	1.0
36	2，4-二氯苯酚	0.093	73	铍	0.002
37	2，4，6-三氯苯酚	0.2	74	硼	0.5

续表

序号	项 目	标准值	序号	项 目	标准值
75	锑	0.005	78	钒	0.05
76	镍	0.02	79	钛	0.1
77	钡	0.7	80	铊	0.0001

注：① 二甲苯：指对-二甲苯、间-二甲苯、邻-二甲苯。

② 三氯苯：指 1，2，3-三氯苯、1，2，4-三氯苯、1，3，5-三氯苯。

③ 四氯苯：指 1，2，3，4-四氯苯、1，2，3，5-四氯苯、1，2，4，5-四氯苯。

④ 二硝基苯：指对-二硝基苯、间-二硝基苯、邻-二硝基苯。

⑤ 硝基氯苯：指对-硝基氯苯、间-硝基氯苯、邻-硝基氯苯。

⑥ 多氯联苯：指 PCB—1016、PCB—1221、PCB—1232、PCB—1242、PCB—1248、PCB—1254、PCB—1260。

附录 E 《农田灌溉水质标准》GB 5084—2005

为贯彻执行《中华人民共和国环境保护法》，防止土壤、地下水和农产品污染、保障人体健康，维护生态平衡，促进经济发展，特制定本标准。本标准的全部技术内容为强制性。

本标准基本控制项目适用于全国以地面水、地下水和处理后的养殖业废水及以农产品为原料加工的工业废水，作为水源的农田灌溉用水；选择性控制项目由县级以上人民政府环境保护和农业行政主管部门，根据本地区农业水源水质特点和环境，农产品管理的需要进行选择控制，所选择的控制项目作为基本控制项目的补充指标。

本标准不适用医药、生物制品、化学试剂、农药、石油炼制、焦化和有机化工处理后的废水进行灌溉。

农田灌溉用水水质应符合表 1、表 2 的规定。

农田灌溉水质基本控制项目标准值（mg/L） **表 1**

序号	项目类别		作物种类		
			水作	旱作	蔬菜
1	五日生化需氧量（BOD_5）	≤	60	100	40[a]，15[b]
2	化学需氧量（COD_{Cr}）	≤	150	200	100[a]，60[b]

续表

序号	项目类别		作物种类		
			水作	旱作	蔬菜
3	悬浮物	≤	80	100	60[a]，15[b]
4	阴离子表面活性剂（LAS）	≤	5.0	8.0	5.0
5	水温，℃	≤	35		
6	pH 值	≤	5.5～8.5		
7	全盐量	≤	1000[c]（非盐碱土地区）2000[c]（盐碱土地区）		
8	氯化物	≤	350		
9	硫化物	≤	1.0		
10	总汞	≤	0.001		
11	镉	≤	0.01		
12	总砷	≤	0.05	0.1	0.05
13	铬（六价）	≤	0.1		
14	铅	≤	0.2		
15	粪大肠菌群数，个/L	≤	4000	4000	2000[a]，1000[b]
16	蛔虫卵数，个/L	≤	2		2[a]，1[b]

注：a 加工、烹调及去皮蔬菜。

b 生食类蔬菜、瓜类和草本水果。

c 具有一定的水利灌排设施，能保证一定的排水和地下水径流条件的地区，或有一定淡水资源能满足冲洗土体中盐分的地区，农田灌溉水质全盐量指标可以适当放宽。

农田灌溉用水质选择性控制项目标准值（mg/L） **表 2**

序号	项目类别		作物种类		
			水作	旱作	蔬菜
1	铜	≤	0.5	1.0	1.0
2	锌	≤	2.0		
3	硒	≤	0.02		
4	氟化物	≤	2.0（一般地区） 3.0（高氟区）		
5	氰化物	≤		0.5	
6	石油类	≤	5.0	10	1.0
7	挥发酚	≤		1.0	
8	苯	≤	2.5		
9	三氯乙醛	≤	1.0	0.5	0.5

续表

序号	项目类别		作物种类		
			水作	旱作	蔬菜
10	丙烯醛	≤	0.5		
11	硼	≤	1[a]（对硼敏感作物），2[b]（对硼耐受性较强的作物），3[c]（对硼耐受性强的作物）		

注：a 对硼敏感作物：如马铃薯、笋瓜、韭菜、洋葱、柑橘等。

b 对硼耐受性较强的作物，如小麦、玉米、青椒、小白菜、葱等。

c 对硼耐受性强的作物，如水稻、萝卜、油菜、甘蓝等。

附录 F 《地表水环境质量标准》GB 3838—2002（景观娱乐用水）

为贯彻《中华人民共和国水污染防治法》及《中华人民共和国海洋环境保护法》，保护和改善景观、娱乐用水水体的水质，恢复并保持其水体的自然生态系统，促进旅游事业的发展，特制订本标准。

本标准适用于以景观、疗养、度假和娱乐为目的的江、河、湖（水库）、海水水体或其中一部分。

1. 标准的分类

本标准按照水体的不同功能，分为三大类：

A 类：主要适用于天然浴场或其他与人体直接接触的景观、娱乐水体。

B 类：主要适用于国家重点风景游览区及那些与人体非直接接触的景观娱乐水体。

C 类：主要适用于一般景观用水水体。

2. 标准值

各类水质标准项目及标准值列于表 1。

景观娱乐用水水质标准 **表 1**

序号			A 类	B 类	C 类
1	色		颜色无异常变化		不超过 25 色度单位
2	嗅		不得含有任何异臭		无明显异臭
3	漂浮物		不得含有漂浮的浮膜、油斑和聚集的其他物质		
4	透明度（m）	≥	1.2		0.5

续表

序号			A类	B类	C类
5	水温（℃）		不高于近十年当月平均水温2℃②		不高于近十年当月平均水温4℃
6	pH值		6.5～8.5		
7	溶解氧（mg/L）	≥	5	4	3
8	高锰酸盐指数（mg/L）	≥	6	6	10
9	生化需氧量（BOD_5）(mg/L)	≤	4	4	8
10	氨氮①（mg/L）	≤	0.5	0.5	0.5
11	非离子氧（mg/L）	≤	0.02	0.02	0.2
12	亚硝酸盐氮（mg/L）	≤	0.15	0.15	1.0
13	总铁（mg/L）	≤	0.3	0.5	1.0
14	总铜（mg/L）	≤	0.01（浴场0.1）	0.01（海水0.1）	0.1
15	总锌（mg/L）	≤	0.1（浴场1.0）	0.1（海水1.0）	1.0
16	总镍（mg/L）	≤	0.05	0.05	0.1
17	总磷（以P计）(mg/L)	≤	0.02	0.02	0.05
18	挥发酚（mg/L）	≤	0.005	0.01	0.1
19	阴离子表面活性剂（mg/L）	≤	0.2	0.2	0.3
20	总大肠菌群（个/L）	≤	10000		
21	粪大肠菌群（个/L）	≤	2000		

注：① 氨氮和非离子氨在水中存在化学平衡关系，在水温高于20℃、pH>8时，必须用非离子氨作为控制水质的指标。

② 浴场水温各地区可根据当地的具体情况自行规定。

附录G 《渔业水质标准》GB 11607—89

为贯彻执行中华人民共和国《环境保护法》、《水污染防治法》、《海洋环境保护法》、《渔业法》，防止和控制渔业水域水质污染，保证鱼、贝、藻类正常生长、繁殖和水产品的质量，特制订本标准。

本标准适用于鱼、虾类的产卵场、索饵场、越冬场、洄游通道和水产增养殖区等海、淡水的渔业水域。

渔业水域的水质，应符合渔业水质标准（见表1）。

渔业水质标准（mg/L） 表1

项目序号	项目	标准值
1	色、臭、味	不得使鱼、虾、贝、藻类带有异色、异臭、异味
2	漂浮物质	水面不得出现明显油膜或浮沫
3	悬浮物质	人为增加的量不得超过10，而且悬浮物物质沉积于底部后，不得对鱼、虾、贝类产生有害的影响
4	pH值	淡水6.5～8.5，海水7.0～8.5
5	溶解氧	连续24h中，16h以上必须大于5，其余任何时候不得低于3，对于鲑科鱼类栖息水域冰封期其余任何时候不得低于4
6	生化需氧量（五天，20℃）	不超过5，冰封期不超过3
7	总大肠菌群	不超过5000个/L（贝类养殖水质不超过500个/L）
8	汞	≤0.0005
9	镉	≤0.0005
10	铅	≤0.05
11	铬	≤0.1
12	铜	≤0.01
13	锌	≤0.1
14	镍	≤0.05
15	砷	≤0.05
16	氰化物	≤0.005
17	硫化物	≤0.2
18	氟化物（以F^-计）	≤1
19	非离子氨	≤0.02
20	凯氏氮	≤0.05
21	挥发性酚	≤0.005
22	黄磷	≤0.001
23	石油类	≤0.05
24	丙烯腈	≤0.5
25	丙烯醛	≤0.02
26	六六六（丙体）	≤0.002
27	滴滴涕	≤0.001
28	马拉硫磷	≤0.005
29	五氯酚钠	≤0.01
30	甲胺磷	≤1
31	甲基对硫磷	≤0.0005
32	呋喃丹	≤0.01

表1中各项标准数值系指单项测定最高允许值，标准值单项超标，即表明不能保证鱼、虾、贝正常生长繁殖，并产生危害，危害程度应参考背景值、渔业环境的调查数据及有关渔业水质基准资料进行综合评价。

参 考 文 献

[1] 何刚，霍连生，战楠等. 新农村污水治理工作的探讨[J]. 北京水务，2007，(6)：22-25.

[2] 王新生. 浅议农村生活污水处理模式[J]. 山西水利科技，2008，(3)：32-33.

[3] 苏东辉，郑正，王勇等. 农村生活污水处理技术探讨[J]. 环境科学与技术，2005，(1)：79-81.

[4] 成先雄，严群. 农村生活污水土地处理技术[J]. 四川环境，2005，24(2)：39-43.

[5] 洪嘉年. 农村污水处理和处置方案初探[J]. 给水排水，2004，30(7)：31-33.

[6] 谢霞. 农村水环境污染产生原因及防治对策[J]. 山西化工，2008，(12)：227-229.

[7] 王琳，王宝贞. 分散式污水处理与回用[M]. 北京：化学工业出版社，2003，5.

[8] 曹辉，廖秋阳. 分散式污水处理技术在农村生活污水治理中的应用[J]. 安徽农业科学，2010，28(29)：16431-16432，16563.

[9] 王然，王昶. 生活污水分散处理技术的进展[J]. 生物加工过程，2007，5(2)：1-5.

[10] 李仰斌. 农村生活污水处理技术研究与示范[M]. 北京：中国水利水电出版社，2010，10.

[11] 梁祝，倪晋仁. 农村生活污水处理技术与政策选择[J]. 中国地质大学学报(社会科学版)，2007，(3)：18-22.

[12] 周正伟，吴军，夏金雨等. 我国南方农村生活污水处理技术的研发现状[J]. 山东建筑大学学报，2009，24(3)：261-266.

[13] 张志斌，张晓全，陶俊杰等. 我国城市污水处理中存在的问题及对策[J]. 山东建筑大学学报，2007，22(2)：174-176.

[14] ZhouQ，ZhangQ，SunT. Technical innovation of land treatment systems for municipal wastewater in Northeast China [J]. Pedosphere，2006，16 (3)：297-303.

[15] 潘晶，孙铁珩，李海波. 分散式污水生态处理系统及应用[J]. 安全与环境学报，2007，7(1)：40-42.

[16] 蒋昕. 广州市规模化养猪场废水污染调查与防治对策探讨[J]. 环境研究与监测，2011，(1)：69-72.

[17] 李军状，罗兴章，郑正等. 塔式蚯蚓生态滤池处理集中型农村生活污水处理工程[J].

中国给水排水，2009，25(4)：35-40.

[18] 杨键，杨健，娄山杰. 一种新型环境友好污水处理工艺——蚯蚓生态滤池[J]. 中国资源综合利用，2008，26(1)：16-19.

[19] 郝桂玉，黄民生，徐亚同. 蚯蚓及其在生态环境保护中的应用[J]. 环境科学研究，2004，17(3)：75-77.

[20] 方彩霞，罗兴章，郑正等. 改进型蚯蚓生态滤池处理生活污水研究[J]. 中国给水排水，2009，25(1)：22-25.

[21] 方彩霞，罗兴章，郭飞宏等. 蚯蚓生态滤池对生活污水中氮的去除作用[J]. 环境科学，2010，31(2)：352-356.

[22] 郭飞宏，方彩霞，罗兴章等. 多级蚯蚓生态滤池处理生活污水研究[J]. 环境化学，2010，29(6)：1096-1100.

[23] 王树乾，杨健，陆雍森. 蚯蚓微生物生态滤池处理城镇生活污水研究[J]. 环境导报，2002，(5)：14-15.

[24] 刁治民，王生财，邓君，冯欣. 蚯蚓的经济价值及开发应用前景[J]. 青海草业，2005，03：4-8.

[25] 黄翔峰，池金萍，何少林等. 高效藻类塘处理农村生活污水研究[J]. 中国给水排水，2006，22(5)：35-39.

[26] 陈广，黄翔峰，安丽等. 高效藻类塘系统处理太湖地区农村生活污水的中试研究[J]. 给水排水，2006，32(2)：37-40.

[27] 田娜，朱亮，张志毅等. 高效生活污水处理装置——高性能合并处理净化槽[J]. 环境污染治理技术与设备，2004，5(5)：84-86.

[28] 黄翔峰，闻岳，何少林等. 高效藻类塘对农村生活污水的处理及氮的迁移转化[J]. 环境科学，2008，29(8)：2219-2226.

[29] 韩润平，杨健. 复合床生态滤池处理城市污水中试研究[J]. 环境科学学报，2004，24(3)：451-454.

[30] Lin Y F，Jing S R，Lee D Y，et al. Nitrate removal from groundwater using constructed wetlands under various hydraulic loading rates[J]. Bioresour Technol，2008，99(16)：7504-7513.

[31] 汪洪，李录久，王凤忠等. 人工湿地技术在农业面源水体污染控制中的应用[A]. 中国农业生态环境保护协会第二届全国农业环境科学学术研讨会论文集[C]. 天津：农业环境科学学报杂志社，2007. 624-629.

[32] Chen Z, Chen B , Zhou J, et a l. A vertical subsurface flow constructed wetland in Beijing [J]. Communications in Nonlinear Science and Numerical Simulation, 2008, 13 (9): 1986-1997.

[33] Vymazal J. Constructed wetlands for wastewater treatment [J]. Ecological Engineering, 2005, 25 (5) : 475 -477.

[34] Shi L, W ang B , Cao X, et a l. Performance of a subsurface flow constructed wetland in Southern China [J]. Journal of Environmental Sciences China, 2004, 16(3): 476-481.

[35] 付融冰，杨海真，顾国维等. 潜流人工湿地对农村生活污水氮去除的研究[J]. 水处理技术，2006，32(1)：18-22.

[36] Xu D, Xu J, W u J, et a l. Studies on the phosphorus sorp tion ca2pacity of substrates used in constructed wetland system s [J]. Chemosphere, 2006, 63 (2): 344 -352.

[37] Sakadevan K, Bavor H. Phosphate adsorption characteristics of soils, slags and zeolite to be used as substrates in constructed wetland system s[J]. Water Research, 1998, 32 (2): 393-399.

[38] 郭劲松，王春燕，方芳等. 湿干比对人工快渗系统除污性能的影响[J]. 中国给水排水，2006，22(17)：9-12.

[39] 张政，付融冰，顾国维等. 人工湿地脱氮途径及其影响因素分析[J]. 生态环境，2006，15(6)：1385-1390.

[40] Zou J L, Dai Y, Sun T H, et al. Effect of amended soil and hydraulic load on enhanced biological nitrogen removal in lab-scale SWIS[J]. Hazard Mater, 2009, 163(2/3): 816-822.

[41] Ye F X, Li Y. Enhancement of nitrogen removal in tower hybrid constructed wetland to treat domestic wastewater for small rural communities [J]. Ecol Eng, 2009, 35(7): 1043-1050.

[42] Kadam A M, Nemade P D, Oza G H, et al. Treatment of municipal wastewater using laterite-based constructed soil filter[J]. Ecol Eng, 2009, 35(7): 1051-1061.

[43] Zurita F, Anda J D, Belmont M A. Treatment of domestic wastewater and production of commercial flowers in vertical and horizontal subsurface-flow constructed wetlands [J]. Ecol. Eng., 2009, 35(5): 861-869.

[44] 叶建锋，徐祖信，李怀正等. 模拟钢渣垂直潜流人工湿地的除磷性能分析[J]. 中国给水排水，2006，22(9)：62-64.

[45] 张军，周琪，何蓉. 表面流人工湿地中氮磷的去除机理[J]. 生态环境，2004，13(1)：98-101.

[46] 宋志文，毕学军，曹军. 人工湿地及其在我国小城市污水处理中的应用[J]. 生态学杂志，2003，22(3)：74-78.

[47] 杨琼，陈章和. 人工湿地污水处理的应用现状及前景展望[J]. 生态科学，2002，21(4)：357-360.

[48] 杨新萍，周立祥，戴媛媛等. 潜流人工湿地处理微污染河道水中有机物和氮的净化效率及沿程变化[J]. 环境科学，2008，29(8)：2177-2182.

[49] 张建，黄霞，施汉昌等. 地下渗滤系统在污水处理中的应用研究进展[J]. 环境污染治理技术与设备，2002，3(4)：47-51.

[50] 程俊. 高负荷好氧——厌氧地下人工土渗滤系统在生活污水处理中的应用研究[D]. 广州：中国科学院广州地球化学研究所，2007.

[51] 张建，黄霞，刘超翔等. 地下渗滤处理村镇生活污水的中试[J]. 环境科学，2002，23(2)：57-61.

[52] Zhang J，Huang X，L iu C，et al. Nitrogen removal enhanced by intermittent operation in a subsurface wastewater infiltration system[J]. Ecological Engineering，2005，25(4)：419-428.

[53] 朱丽，孙理密. 地下渗滤在大学园区生活污水处理中的应用[J]. 环境工程，2007，25(3) ：96-98.

[54] 李英华，王书文，孙铁珩等. 浮动生物床/地下渗滤联合工艺处理校园污水的设计与管理[J]. 环境工程学报，2007，1(3)：30-35.

[55] 董泽琴，孙铁珩，李培军等. 悬浮填料床/地下渗滤系统深度处理生活污水[J]. 中国给水排水，2006，22(8)：70-73.

[56] 程俊，陈繁荣，杨永强等. 高负荷人工土层地下渗滤系统处理生活污水中试工程的研究. [J]. 环境污染与防治，2007，29(7)：517-520.

[57] 杨健，陆雍森，王树乾. 绿色生态滤池处理城镇污水的中试研究[J]. 环境工程，2001，19(2)：20-22.

[58] 韩润平，陆雍森，杨健等. 复合床生态滤池处理城市污水中试研究[J]. 环境科学学报，2004，24(3)：451-454.

[59] 韩润平，刘晨湘，石杰等. 不同结构生态滤池处理城镇污水研究[J]. 生态环境，2005，14(3)：309-312.

[60] 高蓉菁，闵毅梅. 厌氧滤床——接触氧化工艺净化槽处理太湖流域分散性生活污水的可行性研究[J]. 环境工程学报，2007，1(11)：59-63.

[61] 吴磊，吕锡武，李先宁等. 厌氧/跌水充氧接触氧化/人工湿地处理农村污水[J]. 中国给水排水，2007，23(3)：57-59.

[62] 吉祝美，吕锡武，李先宁. 低温下跌水曝气接触氧化处理乡村生活污水[J]. 水处理技术，2007，33(2)：77-79.

[63] 白永刚. 滴滤池—人工湿地技术处理农村生活污水应用研究[D]. 南京：东南大学环境工程系，2005.

[64] 白永刚，吴浩汀. 滴滤池—人工湿地组合工艺处理农村生活污水[J]. 中国给水排水，2007，23(17)：55-57.

[65] 余浩. 水解池—滴滤池—人工湿地处理农村生活污水研究[D]. 南京：东南大学环境工程系，2006.

[66] 虞益江，魏国庆，陈铭铭. 无动力高效组合式厌氧生物膜反应器技术在杭州农村生活污水治理中的应用[J]. 农业环境科学学报，2006，25(增)：680-682.

[67] 李松，王为东，强志民. 自动增氧型垂直流人工湿地处理农村生活污水试验研究[J]. 农业环境科学学报，2010，29(8)：1566-1570.

[68] 刘洪喜. 农村生活污水处理技术的探讨[J]. 污染防治技术，2009，22(3)：30-32.

[69] 邵坚，程林，刘俊. 人工快速渗滤系统堵塞现象及成因探讨[J]. 安徽农业科学，2006，18.

[70] Whalen J K，Parmelee R W，McCartney D A，et al. Movement of N from decomposing earthworm tissue to soil，microbial and plant N pools，Soil Bio[J]. Biochem. 1999，31(4)：487-492.

[71] Healy M G，Rodgers M，Mulqueen J. Treatment of dairy wastewater using constructed wetlands and intermittent sand filters[J]. Bioresource Technology，2007，98(12)：2268-2281.

[72] 吴磊，吕锡武，吴浩汀，余浩，宋海亮. 水解/脉冲滴滤池/人工湿地工艺处理农村生活污水[J]. 东南大学学报(自然科学版)，2007，37(5)：878-882.

[73] 戴世明，白永刚，吴浩汀，吕锡武. 滴滤池/人工湿地组合工艺处理农村生活污水[J]. 中国给水排水，2008，24(7)：21-24.

[74] 唐晶，吕锡武，吴琦平等. 生物、生态组合技术处理农村生活污水研究中国给水排水[J]，2008，24(17)：1-4.

[75] 蒋柱武，陈礼洪，邬友东等. 厌氧膨胀床＋快速渗滤土地处理系统处理小城镇污水[J]. 苏州科技学院学报(工程技术版)，2011，24(2)：10-14.

[76] 项爱枝，鲁昭. 慢速渗滤土地处理技术在处理某养猪场废水中的应用[J]. 吉林农业，2011，(2)：155-147.

[77] 邴旭文，陈家长. 浮床无土栽培植物控制池塘富营养化水质[J]. 湛江海洋大学学报，2001，21(3)：29-34.

[78] 陈伟，叶舜涛，张明旭. 苏州河河道曝气复氧探讨[J]. 上海环境科学，2001，20(5)：233-234.

[79] 陈谊，孙宝盛，孙井梅等. 投菌法处理微污染河水的试验研究[J]. 水处理技术，2009，35(2)：35-38.

[80] 程尘. 生物飘带技术在新洲河污水处理中应用[J]. 东北水利水电，2007，25(10)：53-55.

[81] Clausen J C. Water quality changes from riparian buffer restoration in Connecticut[J] . Journal Environ Quality，2000，29：1751-1761.

[82] 邓柳，胡开林，王丽凤等. 2006. 西坝河生物修复工程试验研究[J]. 环境科学与技术，29(7)：100-102.

[83] 高婷. 砾间接触氧化在河川水质净化中的应用[J]. 决策管理，2008，(6)：54.

[84] 高晓琴，姜姜，张金池. 生态河道研究进展及发展趋势[J]. 南京林业大学学报(自然科学版)，2008，32(1)：103-106.

[85] 何旭升，鲁一晖，章青等. 河流人工强化净水工程技术与净水护岸方案[J]. 水利水电技术，2005，36(11)：26-29.

[86] 姜安玺，韩晓云，何丽荣. 投加复合耐冷菌提高低温生活污水处理效果的实验研究[J]. 黑龙江大学自然科学学报，2005，22(1)：5-7.

[87] Juang D F，Tsai W P，Liu W K，et al. Treatment of polluted river water by a gravel contact oxidation system constructed under riverbed[J]. International Journal of Environmental Science and Technology，2008，3(5)：305-314.

[88] 雷金勇，黄伟，黎圣等. 河道污染治理技术——生物接触氧化填料研究[J]. 矿产与资源，2006，20(2)：178-181.

[89] 李捍东，王强，田禹等. 投菌法处理高浓度焦化废水的研究[J]. 哈尔滨工业大学学报，2006，38(10)：1801-1805.

[90] 李璐，温东辉，张辉等. 分段进水生物接触氧化工艺处理河道污水的试验研究[J]. 环

境科学，2008，29(8)：2227-2234.

[91] N李伟杰，汪永辉. 曝气充氧技术在我国城市中小河道污染治理中的应用[J]. 能源与环境，2007，(2)：36-38.

[92] 罗扬，赵杭美，王金凤等. 苏州河东风港河岸缓冲带中草地生态功能研究[J]. 生态科学，2007，26(1)：1-5.

[93] 庞金钊，杨宗政，孙永军等. 投加优势菌净化城市湖泊水[J]. 中国给水排水，2003，19(6)：51-52.

[94] 饶良懿，崔建国. 河岸植被缓冲带生态水文功能研究进展[J]. 中国水土保持科学，2008，6(4)：121-128.

[95] 单保庆，刘红磊. 生物/生态技术协同修复城市景观水体的现场试验研究[J]. 环境工程学报，2008，2(5)：702-706.

[96] 施东文，陈健波，奚旦立等. 两种生物膜反应器对黄河微污染水处理[J]. 环境工程，2007，25(2)：18-20.

[97] 孙雪岚，胡春宏. 河流健康评价指标体系初探[J]. 泥沙研究，2008，30(4)：21-27.

[98] 田伟君，郝芳华，翟金波. 弹性填料净化受污染入湖河流的现场试验研究[J]. 环境科学，2008，29(5)：1308 1312.

[99] 王洪君，王为东，卢金伟等. 植被型岸边带对藻类的捕获与水源保护研究[J]. 中国给水排水，2006，22(7)：1-3.

[100] 王荣昌，文湘华，景永强等. 悬浮载体生物膜反应器修复受污染河水试验研究[J]. 环境科学，2004，25(S1)：67-69.

[101] 王淑梅，王宝贞，金文标等. 城市污染河流水质原位综合净化技术[J]. 城市环境与城市生态，2008，21(4)：1-4.

[102] 卫明，冯坤范，赵政等. 应用微生物技术对城市黑臭河道进行生态修复的试验研究[C]. 河流生态修复技术研讨会，2005，215-222.

[103] 吴虹兴，蒋坤良. 生态修复技术在河流治理中的应用研究[J]. 浙江水利科技，2008，(5)：4-6.

[104] 吴健，王敏，吴建强等. 滨岸缓冲带植物群落优化配置试验研究[J]. 生态与农村环境学报，2008，24(4)：42-45，52.

[105] Wu W Z, Liu Y, Zhu Q, et al. Remediation of polluted river water by biological contact oxidation process using two types of carriers[J]. International Journal of Environment and Pollution, 2009, 38(3): 223-234.

[106] 张建春. 河岸带功能及其管理[J]. 水土保持学报，2001，15(6)：143-146.

[107] 张宗才，张新申，江涛等. CMF微生物菌剂修复河流污水的动力学分析[J]. 四川环境，2004，23(3)：22-25.

[108] 周怀东，杜霞，李怡庭等. 多自然型河流建设的施工方法与要点[M]. 北京：中国水利水电出版社，2003.

[109] 董慧峪，强志民，李庭刚等. 污染河流原位生物修复技术进展[J]. 环境科学学报，2010，30(8)：1577-1582.

[110] 车武，李俊奇. 从第十届国际雨水利用大会看城市雨水利用的现状与趋势[J]. 给水排水，2002，28(3)：19-22.

[111] 夏军，苏人琼，何希吾等. 中国水资源问题与对策建议[J]. 中国科学院院刊，2008，23(02)：116-120.

[112] 栗巍，唐德善. 城市雨水资源综合利用研究[J]. 治淮，2005，(01)：7-8.

[113] 邢福俊. 加强城市水资源需求管理的现实分析与对策探讨[J]. 新疆财经，2001，(2)：34-38.

[114] Z J U Malley, M Taeb, T Matsumoto, et al. Environmental Sustainability and water availability: Analyses of the scarcity and improvement opportunities in the Usanguplain, Tanzania[J]. Physics And Chemistry of the Earth, 2009, 34: 3-13.

[115] Enedir Ghisi, Sulayre Mengotti de Oliveira. Potential for potable water savings by combining the use of rainwater and grey water in houses in southern Brazil [J]. Building and Environment, 2007, 42: 1731-1742.

[116] 马学尼，黄延林. 水文学[M]. 北京：中国建筑工业出版社，1998.

[117] 伊云荣. 乌鲁木齐市雨水资源利用可行性研究[D]. 新疆大学，2008.

[118] M wenge Kahinda, E. S. B. Lillie, A. E. Taigbenu, et al. Developing suitability maps for rainwater harvesting in South Africa [J]. Physics And Chemistry of the Each, 2008, 33: 788-799.

[119] 邓风等. 城市雨水的物化处理技术[J]. 中国给水排水，2003，19(10)：96-97.

[120] Enedir Ghisi, Davida Fonseca Tavares, Vinicius Luis Rocha. Rain water harvesting in petrol stations in Brasilia: Potential for potable water savings and investment feasibility analysis[J]. Resources, Conservation and Recycling, 2009: 1-7.

[121] Cheng Li Cheng. Evaluating water conservation measures for Green Building in Taiwan [J]. Building And Environment, 2003, 38: 369-379.

[122] 侯玉玲，张艳红，李春辉．城市雨水资源利用现状及发展建议[J]．水科学与工程技术，2004，(6)：11-13.

[123] 车武，李俊奇，章北平．生态住宅小区雨水利用与水景观系统案例分析[J]．城市环境与城市生态，2002，15(5)：34-36.

[124] 李俊奇，汪慧贞，车武．城市小区雨水渗透方案设计[J]．水资源保护，2004，(3)：13-14.

[125] 俊岭，许萍．某公园雨水利用与水景水质保障系统案例分析[J]．北方环境，2004，29(2)：26-28.

[126] 宗绍宇，魏范凯，梁类钧．农村的雨水综合利用．中国水运，2008，8(7)：89-90.

[127] 刘昌明，牟海省．我国水资源可持续开发中的雨水利用．中国雨水利用研究文集[C]．北京：中国矿业大学出版社，1998.

[128] 许晓鸿，王跃邦，刘明义等．吉林省雨水资源化利用探讨[J]．水土保持研究，2007，14(2)：25-26.

[129] 范荣亮，苏维词，张志娟．贵州喀斯特山区雨水资源化途径探讨[J]．节水灌溉，2006，(6)：20-22.

[130] 魏以昕．白银市旱作农业雨水利用问题的讨论[J]．节水灌溉，2006，6：63-67.

[131] 王礼先，王秀茹，孙保平．水土保持工程学[M]．北京：中国林业出版社，2000.

[132] 张艳杰，叶剑．干旱半干旱地区公路雨水集蓄利用[J]．中国水土保持，2005，7：12-13.

[133] 尚新明，常继青．甘肃中部地区雨水蓄集利用与农村经济发展[J]．干旱地区农业研究，1999，17(6)：116-121.

[134] 左强，李品芳．农业水资源利用与管理[M]．北京：高等教育出版社，2003.